Herine Okoth
Emmanuel Ariga

Determinantes da adoção de intervenções de segurança alimentar no Quénia

Herine Okoth
Emmanuel Ariga

Determinantes da adoção de intervenções de segurança alimentar no Quénia

ScienciaScripts

Cover image: www.ingimage.com

This book is a translation from the original published under ISBN 978-3-659-87702-5.

Publisher:
Sciencia Scripts
is a trademark of
Dodo Books Indian Ocean Ltd. and OmniScriptum S.R.L publishing group

120 High Road, East Finchley, London, N2 9ED, United Kingdom
Str. Armeneasca 28/1, office 1, Chisinau MD-2012, Republic of Moldova, Europe
Managing Directors: Ieva Konstantinova, Victoria Ursu
info@omniscriptum.com

Printed at: see last page
ISBN: 978-620-8-60951-1

DEDICAÇÃO

Este trabalho é dedicado ao meu marido, Kwenda, por ser uma grande inspiração, e aos nossos filhos, Daisy, Juliet, Vera e David, pelo seu apoio e encorajamento contínuos. É também dedicado à minha mãe, Zipporah, que sempre tocou a minha vida através da sua dedicação ao serviço da comunidade.

RECONHECIMENTO

Antes de mais, gostaria de agradecer a Pedro Sanchez, que me incentivou persistentemente a regressar à escola. Este facto serviu de inspiração para escrever este livro. O Pedro, juntamente com a Cheryl, teve um papel importante no patrocínio deste ~~estudo~~. O Coordenador Científico e Chefe de Equipa do Projeto das Aldeias do Milénio, Dr. Patrick Mutuo, que foi também o meu supervisor direto e mentor durante o período de investigação e no terreno. Sem ele, eu teria feito muito pouco. Ao meu supervisor; Professor Emmanuel Safary Ariga (DVC Assuntos Académicos, Universidade dos Grandes Lagos de Kisumu), cuja dedicação em ajudar no meu trabalho tem sido um grande desafio. Apesar dos desafios encontrados durante o período de estudo, ele nunca me virou as costas. Ao Dr. Abong'o que, apesar da agenda preenchida, dedicou o seu tempo a ajudar nas correcções deste trabalho. A Jessica Masira que sempre me encorajou quando eu tinha vontade de desistir. Ao Gestor de Dados da MVP, Eliud, que, incansavelmente, juntamente com Gordon e Japheth, me ajudou na análise e organização da informação antes de escrever este trabalho.

Agradeço sinceramente à comunidade agrícola de Sauri, que pôde disponibilizar informações à vontade, e ao pessoal de campo que ajudou na recolha de informações. À Victoria, Alfred e Beatrice que se tornaram muito úteis nas supervisões de campo e nas discussões dos grupos de centragem. Ao Oficial Agrícola Distrital e a todos aqueles que contribuíram para este estudo de uma forma ou de outra

Índice

A LIST OF CRONYMS

AIDS	Acquired Immune Deficiency Syndrome
CARE	Kenya Central American Relief Everywhere (Kenya)
FAO	Food and Agriculture Organization
FGD	Focus Group Discussions
HH	Household
HIV	Human Immunodeficiency Virus
ICRAF	International Centre for Research in Agro-forestry
IFPRI	International Food Policy and Research Institute
KII	Key Informant Interviews
MDGs	Millennium Development Goals
MFI	Micro finance Institutions
MV	Millenium Village
MVP	Millennium Villages Project
NALEP	National Agriculture and Livestock Program
N	Nitrogen (Nitrogenous Fertilizer)
P	Phosphorus (Phosphate Fertilizer)
SPSS	Statistical Package for Social Scientists

RESUMO EXECUTIVO

Uma combinação de esforços, tanto do sector público como do privado, tem sido dirigida para a melhoria da segurança alimentar no Quénia e em toda a África. Apesar de todas estas intervenções e esforços, muito pouco foi conseguido. O Projeto das Aldeias do Milénio é um projeto do Instituto da Terra da Universidade de Columbia. Entre os muitos esforços desenvolvidos no passado recente, está a implementar um projeto na sub-localidade de Bar Sauri, no Quénia, para melhorar os meios de subsistência e a segurança alimentar, entre outras intervenções. Este estudo foi realizado na aldeia de Sauri, onde foram levadas a cabo as intervenções do projeto.

O objetivo do estudo era, portanto, analisar os factores que determinam a adoção das intervenções. Na conceção da investigação, foi utilizado um questionário estruturado para recolher dados para estatísticas descritivas e comparativas, em que as caraterísticas dos agregados familiares dos adoptantes e dos não adoptantes foram comparadas. As abordagens foram qualitativas (discussões em grupo e entrevistas com informadores-chave) e quantitativas (questionário estruturado). A população-alvo do estudo era constituída por agregados familiares de agricultores na sub-localização de Sauri, onde foram efectuadas intervenções do MVP, e foi utilizada uma amostra de 300 agregados familiares de um total estimado de 1200 para representar toda a população. Os resultados indicam que a adoção de intervenções de diversificação de gado, milho e culturas é determinada pela idade do adotante, sendo que as categorias etárias mais jovens e mais velhas adoptam menos $(p<0{,}001)$. O género e o tipo de agregado familiar determinam significativamente a adoção $(p<0{,}001)$, sendo que tanto os agregados familiares chefiados por homens como os chefiados por homens adoptam mais do que os chefiados por mulheres.

A tomada de decisões sobre o tipo de intervenção a empreender cabe principalmente ao homem (86%) do agregado familiar, o que tem um efeito adverso na adoção. A cultura e as tradições afectam negativamente a adoção, sendo que algumas das tradições impedem a adoção de empresas específicas. O tamanho da terra teve um grande impacto na adoção de e cerca de 50% dos agregados familiares com menos de 1 acre não conseguiram adotar todas as empresas. Mais de 30% dos agregados familiares estavam limitados pelos custos e disponibilidade de mão de obra, pelo que a adoção foi baixa. As formações e as competências adquiridas tiveram um impacto significativo na adoção. O estudo concluiu que, para que a adoção das intervenções seja sustentada, devem ser considerados os factores das caraterísticas do agregado familiar, da produção, socioeconómicos, socioculturais e de conhecimento, atitude e competências. As recomendações feitas foram orientadas para o reforço das questões políticas sobre a comercialização, as reservas alimentares no sentido da sustentabilidade, a disponibilização de subsídios de insumos às comunidades para o aumento da produção alimentar e a capacitação das comunidades através de acções de formação.

CAPÍTULO 1

INTRODUÇÃO E INFORMAÇÕES GERAIS

1.0 Introdução

A insegurança alimentar tornou-se uma questão de preocupação global, apesar de uma série de esforços para aumentar a produtividade das culturas. A África ficou para trás nos níveis de produção alimentar, seguida pelos outros países em desenvolvimento. Durante a última década, o continente diminuiu 3,9% da produção alimentar mundial (Bonabana-Wabbi, 2002). Estima-se que, até ao ano 2010, o número de africanos subnutridos será de 264 milhões, constituindo cerca de 30% da população projectada (FAO, 1996). Numa tentativa de sair desta armadilha, organizações internacionais como o Instituto Internacional de Investigação sobre Políticas Alimentares (IFPRI), a Organização das Nações Unidas para a Alimentação e a Agricultura (FAO) e o Banco Mundial definiram objectivos fundamentais para aumentar a produção alimentar e melhorar a qualidade de vida das populações rurais pobres em África (Bonabana-Wabbi, 2002).

Um dos esforços para resolver o problema da segurança alimentar no continente é o Projeto das Aldeias do Milénio (MVP), uma iniciativa do Instituto da Terra da Universidade de Columbia e da Millennium Promise para alcançar os Objectivos de Desenvolvimento do Milénio das Nações Unidas. O MVP é o piloto da implementação dos ODM para provar o conceito e informar a política. Utiliza uma abordagem integrada para melhorar os meios de subsistência das comunidades, tal como estipulado nos oito Objectivos de Desenvolvimento do Milénio, sendo a fome e a insegurança alimentar uma das áreas-chave. A adoção de intervenções de segurança alimentar pelos agregados familiares depende de uma série de factores internos e externos. Estes factores podem promover ou dificultar o aumento da produtividade alimentar. Foram realizados estudos sobre a produtividade alimentar e a adoção de tecnologias, mas este estudo limita-se aos factores dentro das famílias que determinam a adoção de algumas das tecnologias que promovem a segurança alimentar. O foco será principalmente nos factores internos em vez dos externos. A maior parte dos factores externos são atribuídos a calamidades naturais, padrões climáticos desfavoráveis, políticas, má governação e tecnologia agrícola deficiente que podem ser inevitáveis. Os factores internos que impedem a disponibilidade de alimentos e a adoção de tecnologias podem ser abordados e controlados.

1.1 Antecedentes da área de estudo

1.1.1 Localização e unidades administrativas

Sauri Millennium Village (MV) é uma sub-localidade no distrito de Siaya. Está situada nas terras altas do Quénia, a 1400-1500 metros acima do nível do mar, a oeste do Vale do Rift e a 30 km a noroeste da cidade de Kisumu. Abrange uma área de 8 km^2, parte da qual se situa na cidade de Yala. O equador situa-se a sul de Sauri (0° 06N). A topografia geral é ondulada, com cursos de água efémeros, rios e zonas húmidas que serpenteiam por colinas arredondadas. A área é classificada como tropical sub-húmida com uma precipitação média anual de 1800 mm. A precipitação é bimodal, dividida entre a estação chuvosa longa, de março a junho (1120 mm), e a estação chuvosa curta, de setembro a dezembro - 710 mm (Sauri Baseline Report, 2005; Yala Divisional Rainfall Data, 1990-2008).

A sub-localidade de Bar Sauri é uma das 19 sub-localidades da divisão de Yala do distrito de Siaya, no Quénia. Abrange uma área de cerca de 8 km^2, parte da qual se situa na cidade de Yala. A sub-localidade é um conglomerado de 11 aldeias administrativas, ou seja, Yala A, Yala B, Kosoro, Madiri, Luero, Sauri A, Sauri B, Nyamninia A, Nyamninia B, Nyamboga e Silula, com limites que se estendem até à Província Ocidental do Quénia, como se pode ver no quadro 1 abaixo:

Tabela 1: Distribuição da população dos agregados familiares nas aldeias em novembro de 2008

ALDEIA	NO. DE HHS	POPULAÇÃO
Yala A	138	690
Yala B	78	390
Kosoro	178	890
Madiri	172	860
Luero	89	445
Nyamninia A	70	350
Nyamninia B	160	800
Sauri A	70	350
Sauri B	141	705
Nyamboga	38	190
Sílula	87	435
Total	**1221**	**6105**

**Fonte: Relatórios do inquérito Bar-Sauri, 2005 -2008*

1.1.2 Caraterísticas demográficas

A sub-localidade de Sauri tem uma população de cerca de 6000 pessoas em 1160 agregados familiares, com uma média de 6 pessoas por agregado familiar. É uma aldeia cosmopolita, sendo a maioria dos habitantes Luos (90%) e os restantes uma mistura de Luhyas e outras tribos. Isto explica a diversidade de comportamentos e práticas culturais de Sauri. Existem diferentes estruturas familiares. O tipo de agregado familiar predominante é o chefiado por um homem com uma única mulher (42,6% dos agregados familiares). O segundo maior tipo de agregado familiar é o chefiado por mulheres, constituído maioritariamente por viúvas de antigos agregados familiares monoparentais/poligâmicos (21,9% dos agregados familiares). Globalmente, cerca de 40,2% de todos os agregados familiares são chefiados por mulheres e 59% são chefiados por homens. Há também 0,8% de agregados familiares chefiados por crianças com idade igual ou inferior a 17 anos (Relatório de Base de Sauri, 2005*)*.

1.1.3 Caraterísticas sócio-culturais

A comunidade foi exposta a certas práticas culturais que afectaram a forma como os agricultores mantêm a fertilidade dos seus solos; por exemplo*, "O uso de fertilizantes destrói os solos; O milho híbrido é muito leve para uma* *refeição".* Como resultado, tem havido muito pouco esforço para melhorar a fertilidade do solo, apesar de uma série de pesquisas sobre a melhoria da fertilidade do solo. Uma vez que Sauri é 90% Luo, é muito rica em cultura Luo e a maioria dos agricultores tem de seguir a sua cultura "para ter sucesso". Estas incluem práticas agrícolas, em que a cultura está ligada ao tempo das operações agrícolas ("*um filho não pode arar ou plantar antes do pai, mesmo que este não esteja preparado"),* nascimentos, rituais, mortes e qualquer outra prática no seio da sociedade. A cada uma destas normas estão associadas consequências. Algumas das normas culturais, por exemplo, "*o chefe da propriedade tinha que ter um celeiro separado para armazenar os produtos e este seria usado em tempos de crise alimentar"* promovem a segurança alimentar, enquanto outras podem impedi-la (Mango, 2000). As famílias chefiadas por mulheres e crianças são mais seriamente afectadas pela insegurança alimentar em caso de morte do homem da família. A falta de direitos de uso ou de propriedade da terra por parte das mulheres na sociedade tem tido um grande impacto na agricultura e na adoção de intervenções relacionadas com a agricultura (Mango, 2000)

1.1.4 Caraterísticas socioeconómicas

A principal fonte de rendimento da comunidade Sauri é a agricultura, com 51%, em comparação com outras fontes não agrícolas, com 41%, e as remessas, com 8% (Sauri Baseline Report, 2005). De acordo com os dados sobre os meios de subsistência disponíveis na base de dados provincial de Nyanza, quase metade das mulheres (47,4%) e a maioria dos homens (59,9%) estão empregados no sector agrícola. No entanto, a produção agrícola destina-se principalmente à subsistência e não é dada muita atenção à produção para obtenção de rendimentos. A produção para obtenção de rendimentos não tem sido viável, tendo em conta o elevado custo dos factores de produção e da mão de obra. A venda de artigos em pequenas lojas e a prestação de serviços em casas e estabelecimentos comerciais são a segunda fonte de subsistência (27%), enquanto o trabalho não qualificado e ocasional em quintas e casas ocupa a terceira posição na aldeia (figura 1).

Figura 1: Resumo dos meios de subsistência na sub-localidade de Bar Sauri

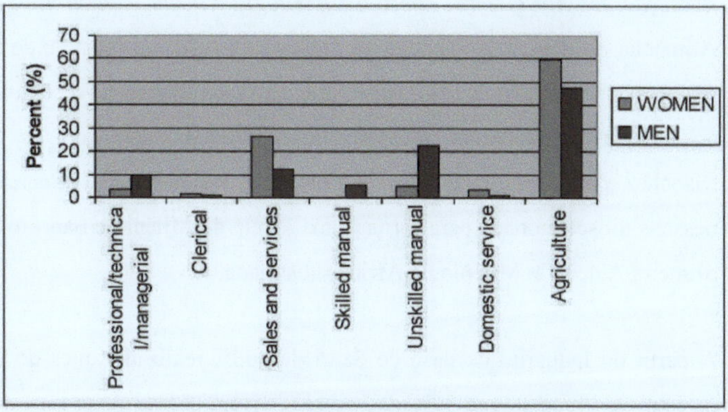

Fonte: Relatório de Base de Sauri, 2005

1.1.5 Abordagem das Aldeias do Milénio às Intervenções

Os Objectivos de Desenvolvimento do Milénio (ODM) têm metas específicas para a fome. O primeiro objetivo consiste em reduzir para metade a percentagem de pessoas que vivem com menos de um dólar por dia, entre 1990 e 2015. O segundo objetivo consiste em reduzir para metade a percentagem de pessoas que sofrem de fome entre 1990 e 2015. Para demonstrar que os ODM são exequíveis, o Projeto das Aldeias do Milénio levou a cabo uma série de intervenções na região da África Subsariana, visando os principais focos de fome.

Quadro 2: Caraterísticas do agregado familiar (dos resultados do estudo).

Resumo das caraterísticas sociais, demográficas e económicas da sub-localização de Bar Sauri	
Caraterística	**Média/%**
Idade (anos)	54
Dimensão do agregado familiar (número de	5
Dimensão da exploração (hectares)	1.1
Trabalho agrícola (Nº de pessoas)	6
Nível de educação (maioria)	Primário
Principais fontes de rendimento (%)	
Agricultura	60
Pequenas empresas	7
Emprego regular	10
Trabalho ocasional	23
Intervalo de rendimento mensal do agregado	Ksh 2.500 -10.000

As estratégias utilizadas pelo Projeto das Aldeias do Milénio para abordar a *Perceção dos Agricultores sobre a Tecnologia e o seu Impacto na* Segurança Alimentar *da Adoção de Tecnologia* incluem: investir no subsídio de insumos, melhorar a fertilidade do solo, concentrar-se na diversificação de culturas, ligar aos mercados e fornecer apoio técnico em colaboração com os governos (Sanchez *et al,* 2007). Para atingir este objetivo, uma população de cerca de 5000 pessoas foi selecionada para formar uma aldeia do Milénio e Sauri tornou-se a primeira Aldeia do Milénio na África subsariana.

A partir do inquérito de base de Sauri de 2005, realizado antes do início do projeto, verificou-se que 79% das pessoas vivem abaixo de um dólar por dia, enquanto 89,5% delas vivem abaixo de dois dólares por dia. Mostra também que o rácio de pobreza era de 54,5%. O inquérito revelou ainda que o total de ganhos/rendimentos dos mais pobres (quinto da população) é de 2% do rendimento agregado da aldeia. O rendimento médio per capita em Bar Sauri era de 336 dólares por pessoa por ano, sendo o rendimento médio de 161 dólares. Isto indica uma forte inclinação para a esquerda na distribuição do rendimento em Sauri (Sauri Baseline, 2005).

No ano de 2005, o Projeto das Aldeias do Milénio começou com um conjunto de intervenções para combater a insegurança alimentar, para além de intervenções noutros sectores para cumprir os outros ODM. As intervenções agrícolas incluem o papel dos fertilizantes químicos, variedades de sementes melhoradas e pousios melhorados para garantir o aumento da produção de milho (principal alimento básico) para melhorar a segurança alimentar (Sanchez *et al.,* 2007). Cada família recebeu 100% de subsídios para insumos (sementes de milho e fertilizantes) no primeiro ano do projeto. O nível de adoção foi notável, com um aumento da produção de milho de 1,85 t ha^{-1} para 4,85 t ha^{-1} no primeiro ano. Foi concedido outro subsídio no segundo ano (2006), mas a 50% do nível do ano anterior. O resultado foi muito melhor do que o do primeiro ano em termos de rendimentos médios, com um aumento dos rendimentos de 4,85 t/ha para 6,2 t/ha.

No terceiro ano (2007), o subsídio para sementes de milho e fertilizantes foi retirado para 75% dos agregados familiares e estes foram ligados a instituições de microfinanças para aceder a insumos agrícolas a crédito. Na sequência de uma avaliação da vulnerabilidade efectuada na aldeia, verificou-se que 25% dos agregados familiares ainda necessitavam de continuar a receber subsídios para insumos durante mais um ano, uma vez que eram demasiado pobres ou possuíam terrenos muito pequenos para poderem comprar insumos ou participar em programas de empréstimos. Além disso, foi dada uma atenção crescente à diversificação das empresas agrícolas. Com esta mudança do subsídio para o crédito, 30% dos agregados familiares puderam comprar os seus próprios factores de produção, quer através da venda dos excedentes das colheitas anteriores, quer através das poupanças do emprego (Relatório Anual do MVP, 2007).

Os dados recolhidos junto da SAGA (IMF local) indicaram que 20% dos agregados familiares receberam insumos agrícolas a crédito; os restantes 25% voltaram a plantar sementes locais e não utilizaram fertilizantes. No quarto ano (2008), todos os agregados familiares passaram a ser elegíveis para créditos de factores de produção. Dos 1200 agregados familiares, 867 acederam à facilidade. No entanto, de acordo com os registos de novembro de 2008, quando esta pesquisa foi realizada, o reembolso era de apenas 33%. O reembolso de 80% do empréstimo cumpriria a meta estabelecida no projeto e seria um indicador positivo para a adoção. As intervenções do MVP em matéria de segurança alimentar duraram os últimos quatro anos, mas uma parte dos agregados familiares nunca utilizou os factores de produção, incluindo o que foi obtido a crédito, mas vendeu-os. A diversificação como intervenção continuou, mas a adoção é muito lenta, assim como a adoção e o compromisso com o esquema de crédito como um pacote para sustentar uma produção elevada.

1.2 Declaração do problema

Em muitos países em vias de desenvolvimento, especialmente na África subsariana, foram feitos muitos investimentos por organizações não governamentais, governos e organismos internacionais em questões prioritárias como a segurança alimentar, mas, no entanto, poucas mudanças ocorreram. Desde a independência que existem programas do Governo do Quénia, através do Ministério da Agricultura e de organizações não-governamentais, sobre as melhores práticas de produção alimentar, mas, atualmente, muito pouco sucesso pode ser atribuído aos esforços anteriores. Os solos continuaram a ser pobres, especialmente em N e P; o rendimento das culturas (em particular do milho, que é o alimento básico) tem vindo a diminuir cada vez mais (relatórios do Ministério da Agricultura, 1994-2004). A grande preocupação é: o que é que acontece a este grande investimento, tanto a nível internacional como nacional? Para além da promoção da tecnologia junto dos agricultores, haverá outros factores que possam acompanhar os esforços para aumentar a produção e mantê-la?

Antes das intervenções do projeto, o rendimento do milho em Sauri era muito baixo e, em média, estimado em 1,85tha^{-1} (Relatório de Base de Sauri, 2005). Durante um inquérito de base realizado antes do início do projeto, constatou-se o seguinte: os solos eram muito pobres (em N e P) devido ao uso excessivo; o elevado custo dos insumos (fertilizantes e sementes de milho híbrido) que os agricultores que viviam com menos de um dólar por dia (Relatório de Base de Sauri, 2005) não podiam pagar; e práticas agrícolas deficientes que causavam erosão e invasão de Striga. Estes factores, juntamente com a falta de apoio técnico adequado e o estatuto de pobreza da comunidade, tornaram-na insegura em termos alimentares. Como resultado, a desnutrição entre as crianças com menos de cinco anos aumentou. O índice de pobreza de Sauri no início das intervenções do projeto era de 67% (Relatório de Planeamento do Distrito de

Siaya, 2004).

No início das intervenções, em 2005, a adoção do uso de fertilizantes e de sementes de milho híbrido parecia ser de 100%, mas com a retirada dos subsídios e a introdução do crédito para insumos em 2007, houve uma queda drástica no nível de adoção. Isto pode significar que apenas aqueles que têm um rendimento estável e maiores parcelas de terra podem continuar com as intervenções. A tendência dos acontecimentos é preocupante, pois quase metade dos agregados familiares pode voltar ao estado original de insegurança alimentar. Outras intervenções relacionadas com a segurança alimentar não estão a ter o ritmo esperado e a sua adoção é bastante lenta. A manutenção da segurança alimentar na comunidade no final dos 5 anos do período do projeto continua a ser uma preocupação. As intervenções foram levadas a cabo e a sua adoção parece estar a diminuir. O objetivo do estudo era, portanto, encontrar os factores que determinam a adoção de intervenções de segurança alimentar ao nível dos agregados familiares nas Aldeias do Milénio e como estes podem ser abordados dentro do período de tempo restante do projeto.

1.3 Questões de investigação

1. Que factores demográficos afectarão a adoção de intervenções de segurança alimentar?
2. Quais são os factores socioeconómicos que afectam as intervenções de segurança alimentar?
3. Que factores de produção afectarão a adoção das intervenções?
4. Que factores socioculturais afectam a adoção de intervenções de segurança alimentar?
5. Quais são as tendências de adoção de intervenções de segurança alimentar ao nível dos agregados familiares?

1.4 Objetivo geral

O principal objetivo do estudo era encontrar os determinantes da adoção de intervenções de Segurança Alimentar entre os agregados familiares.

1.4.1 Objectivos específicos

1. Determinar os factores demográficos que afectam a adoção de intervenções de segurança alimentar.
2. Estabelecer os factores socioeconómicos que afectam a adoção de intervenções de segurança alimentar.
3. Determinar os factores de produção que afectam a adoção de intervenções de segurança alimentar.
4. Descobrir os factores socioculturais que afectam a adoção de intervenções de segurança alimentar.
5. Estabelecer os níveis de adoção das intervenções de segurança alimentar pelos agregados familiares e as tendências.

1.5 Justificação e importância do estudo

O estudo tem como objetivo permitir uma abordagem mais informada e responsável das intervenções de segurança alimentar na sub-localidade de Sauri e não só. Ao identificar os factores que afectam a adoção, será feito um esforço para melhorar as intervenções e o enfoque. O estudo também ajudará a identificar as barreiras sócio-económicas, sócio-culturais e técnicas que influenciam a adoção e ajudará os parceiros de desenvolvimento e os decisores políticos a tomarem decisões informadas. A partir dos relatórios de Desenvolvimento Distrital e das experiências das comunidades, notou-se que muitas organizações criaram tecnologias, mas a adoção foi muito fraca ou nenhuma, deixando as comunidades piores do que antes. O estudo apresentará recomendações sobre as melhores opções para a sustentabilidade. Os resultados do estudo serão um esforço para aumentar a compreensão de intervenções mais estratégicas e conceber um melhor sistema de informação dirigido a diferentes agricultores e sistemas agrícolas. O Projeto das Aldeias do Milénio é um programa financiado para melhorar os meios de subsistência dos beneficiários, pelo que a sua eficácia e viabilidade têm de ser provadas. No entanto, sem adoção, a sustentabilidade de todos os esforços pode não se concretizar. Torna-se, portanto, crucial identificar os factores que podem aumentar a adoção.

As recomendações do estudo serão instrumentais no processo de expansão da abordagem das Aldeias do Milénio para alcançar os Objectivos de Desenvolvimento do Milénio. As recomendações serão ainda instrumentais no desenvolvimento de políticas, especialmente as que visam melhorar a segurança alimentar, a nutrição, o alívio da pobreza, a conservação do solo e do ambiente, a gestão dos recursos naturais e, por conseguinte, a melhoria dos meios de subsistência.

1.6 Âmbito de aplicação e limitações

O estudo limitou-se à aldeia do Milénio de Sauri, uma vez que foi aqui que as intervenções foram levadas a cabo. Poderia ter sido alargado a outras aldeias do agrupamento do Milénio, mas foi confinado a Sauri devido a limitações de tempo e recursos. O estudo foi limitado à mesma amostra que foi utilizada pela MVP durante todo o período do projeto, o que pode resultar em alguns enviesamentos na informação recolhida, uma vez que os inquiridos foram entrevistados extensivamente. Alguns inquiridos (30) também não estavam dispostos a responder a qualquer pergunta que exigisse uma compensação por terem sido utilizados, o que causou uma limitação da dimensão da amostra pretendida.

CAPÍTULO 2

REVISÃO DA LITERATURA E ENQUADRAMENTO TEÓRICO

TEÓRICO

2.0 Introdução:

A estimativa global da insegurança alimentar mostra que a Ásia Oriental, a Ásia do Sul e a África Subsariana contribuíram com 88% da população subnutrida do mundo entre 1990 e 1992. Segundo as projecções, até 2010, a percentagem aumentará, especialmente na África Subsariana, com uma estimativa de cerca de 39% do total da população subnutrida (FAO, 1996). O quadro 3 abaixo mostra a ilustração da FAO da situação alimentar global atual e prevista nos países em desenvolvimento de 1990 a 2010.

Quadro 3: Situação da população e disponibilidade de alimentos nos países em desenvolvimento

Região	**N.º de pessoas subnutridas (milhões)**		**Percentagem da população da região (%)**		**Percentagem da população subnutrida total (%)**	
	1990-92	*2010*	*1990-92*	*2010*	*1990-92*	*2010*
Ásia Oriental	268	123	16	6	32	18
Ásia do Sul	255	200	22	12	30	29
África Subsaariana	215	264	43	30	26	39
América Latina e Caraíbas	64	40	15	7	8	6
Médio Oriente e N. África	37	53	12	10	4	8
Total	**839**	**680**	**21**	**12**	**100**	**100**

Fonte: FAO (1996)

2.1 Factores de produção e acesso à informação

A experiência demonstra que uma série de factores influenciará o sucesso e as taxas de adoção de tecnologias. Estes factores incluem as caraterísticas do agricultor ou do agregado familiar (riqueza, idade, sexo, disponibilidade de mão de obra), as caraterísticas do sistema agrícola (terra e gado, declive, acesso à irrigação), o acesso a recursos (redes sociais, material de plantação, informação), as propriedades da própria tecnologia (a rapidez com que gera retornos, o capital necessário e os investimentos em mão de obra) e o acesso do agricultor às redes sociais (Adamo *et al.,* 2001).

Um estudo de Ryan e Gross (1943), que utilizou um método de inquérito retrospetivo para modelar a difusão do milho híbrido no Iowa, procurou correlacionar a capacidade de inovação (o momento da adoção) com um certo número de variáveis, tais como a idade, a educação, a dimensão da exploração agrícola, o rendimento e o acesso a diversas fontes de informação do adotante. O estudo concluiu que quanto menos instruído for o indivíduo, menores são as probabilidades de adoção de qualquer tecnologia e menor é o acesso à informação. Além disso, os agregados familiares com explorações agrícolas mais pequenas tendem a envolver-se noutras actividades fora da exploração para obterem rendimentos e alimentos e a negligenciar as explorações agrícolas em casa.

No Nepal, foi efectuado um inquérito aos agregados familiares utilizando uma conceção de dados transversais. Os dados recolhidos utilizaram estatísticas descritivas e os resultados revelaram que a disponibilidade de crédito atempado, as operações de campo atempadas, o serviço de extensão, a dimensão da exploração agrícola, o rendimento fora da exploração agrícola e a experiência dos agricultores influenciaram significativamente as decisões de adoção *(*Karki *et al, 2004).* Um estudo realizado nas regiões semi-áridas do Quénia por Freeman e Omiti (2002) sobre a adoção de fertilizantes utilizou modelos de regressão para revelar que o nível de educação do chefe de família, a experiência de utilização de fertilizantes e a dimensão da mão de obra familiar têm um grande impacto na adoção. Os autores afirmaram ainda que a adoção pode ser afetada pela disponibilidade de fertilizantes nos pontos de venda locais, uma vez que o acesso se torna um obstáculo.

2.2. Pressões externas e posse da terra

As pressões externas associadas às alterações climáticas contribuíram para a insegurança alimentar, apesar das contínuas intervenções agrícolas contemporâneas (Hughes, 2004). O mais importante é o padrão das pequenas explorações agrícolas, cuja produção é tipicamente para subsistência e sem excedentes para os mercados. Existem 500 milhões de explorações agrícolas com menos de 2 acres nos países em desenvolvimento, muitas delas com posse ou título de terra incertos e muitas dependem da mão de obra feminina e de grupos marginalizados cujo baixo estatuto enfraquece o lobby agrícola (FAO, 2004). Com o aumento da população, o tamanho da área agrícola para cultivo também diminui e as pessoas tendem a procurar rendimentos não agrícolas para satisfazer as suas necessidades alimentares domésticas. No mesmo estudo, foi revelado que a dotação de recursos é um dos principais determinantes do comportamento de adoção observado, onde a falta de acesso ao capital e a dimensão inadequada da exploração agrícola podem ser um obstáculo à adoção.

O potencial económico de uma nova tecnologia em termos de rendimentos, custos de produção e lucro são factores muito importantes a considerar na adoção (Pannel, 2006). Pannell refere ainda que as escolhas que os financiadores e doadores fazem sobre as intervenções e práticas a desenvolver (e as suas caraterísticas específicas que afectam a vantagem relativa) acabam por se tornar os factores cruciais da adoção. Este facto realça a necessidade de os financiadores e os fornecedores de investigação prestarem muita atenção à capacidade de adoção das suas tecnologias durante o processo de investigação. No Quénia, as circunstâncias que causam a insegurança alimentar incluem a pobreza, os baixos rendimentos das culturas e políticas económicas improdutivas (Mango, 2000).

2.3. Agregados familiares chefiados por mulheres e crianças

Um estudo realizado no Malawi, Zâmbia e Quénia mostra que as mortes de adultos têm um grande efeito na adoção de intervenções de segurança alimentar e no bem-estar em geral. Afecta o padrão de cultivo e aumenta o rácio de dependência, o que quantifica a razão pela qual o rácio de dependência em África é elevado. A maior parte das intervenções nas explorações agrícolas requer terra como recurso; no entanto, a cultura de não propriedade de terra por parte de mulheres e crianças na maioria dos países africanos tem um grande efeito na adoção (Mather *et al,* 2008).

Na incidência de mortes de adultos, os membros mais jovens do agregado familiar redistribuíram o seu tempo para abandonar a escola ou decidiram fornecer alimentos para a casa através de trabalho ocasional ou procurando outras actividades fora da agricultura para a alimentação da família. O resultado é que não existe agricultura no agregado familiar (GoK - Relatórios do Ministério do Planeamento, 1994 - 2004). Os papéis dos géneros na produção de alimentos e na adoção de tecnologias têm sido investigados há muito tempo e vários estudos foram realizados com resultados diferentes, dependendo do objetivo do estudo. Nos estudos mais recentes, Doss e Morris (2001), no seu estudo sobre os factores que influenciam a adoção de tecnologias melhoradas para o milho no Gana, mostram que as competências das mulheres não parecem justificadas, uma vez que se estima que a sua eficiência técnica é equivalente à dos homens". Uma vez que a adoção de uma prática é orientada pela utilidade que dela se espera, o esforço feito para a adotar reflecte essa utilidade prevista. Pode então esperar-se que os papéis que as mulheres e os homens desempenham tanto no "esforço" como na "adoção" sejam semelhantes, sugerindo assim que os homens e as mulheres adoptam as práticas da mesma forma.

2.4. Estrutura económica e sustentabilidade

O desenvolvimento económico é o motor que pode ajudar a alcançar a segurança alimentar, mas tem de ser adaptado aos contextos socioeconómicos de cada país em desenvolvimento. Alguns peritos defendem que a melhoria do sector agrícola em África terá um impacto imediato na economia e na segurança alimentar da região. Outros, que se inspiram no recente exemplo asiático, argumentam que estimular o desenvolvimento económico através do empreendedorismo nas empresas e no governo é o melhor caminho para o crescimento económico e, em última análise, para dar um impulso à agricultura e à segurança alimentar (Braun e Keyzer, 2007).

Os investimentos públicos em grande escala nas zonas rurais, onde se encontra a maioria dos pobres do mundo, são cruciais para um maior crescimento agrícola e uma redução acelerada da pobreza. Estudos recentes mostram que, na Índia, os investimentos públicos em investigação e desenvolvimento agrícola e em estradas geraram o maior e o segundo maior retorno para a redução da pobreza, respetivamente, enquanto na China geraram o segundo e o terceiro maior retorno, a seguir à educação (Braun e Keyzer, 2007). A criação de uma oferta alimentar adequada coloca dois desafios. O primeiro é fornecer alimentos suficientes para satisfazer as necessidades da população em expansão da aldeia, sem destruir os recursos naturais necessários para continuar a produzir alimentos. O segundo desafio é garantir a segurança alimentar, ou seja, garantir que todas as pessoas tenham acesso a alimentos suficientes para viver uma vida ativa e saudável. O facto de produzir alimentos suficientes não garante que as pessoas que deles necessitam os possam obter. As pessoas podem não ter dinheiro suficiente para comprar alimentos, terra, sementes e ferramentas para cultivar alimentos. As catástrofes naturais ou provocadas pelo homem, como a seca ou a guerra, também podem impedi-las de obter alimentos. Em ambos os casos, as pessoas correm o risco de subnutrição, mesmo quando existe um abastecimento alimentar adequado (Enciclopédia Encarta Standard, 2007). A fraca adoção de intervenções de segurança alimentar deve-se ao elevado custo de produção dos alimentos (factores de produção) e à falta de infra-estruturas. Um estudo realizado na África do Sul revela que o estado da economia entre as pessoas pobres interfere com a adoção de quaisquer intervenções, fazendo com que se sintam inseguras e se concentrem no que as vai sustentar no presente e não no futuro (Haddad, 2007).

Um inquérito realizado no distrito de Embu, no Quénia, utilizando uma amostragem em várias fases sobre a adoção de tecnologias de produção de milho, revelou que os agricultores estavam limitados pelos preços elevados dos factores de produção e preferiam utilizar as sementes locais em vez das híbridas. Também citaram o nível de rendimento como um fator de baixa adoção, uma vez que cerca de 58% das pessoas viviam com baixo nível de rendimento. Isto é visto como um obstáculo à adoção de qualquer intervenção e tecnologia. No mesmo estudo, o tamanho da terra é um obstáculo a qualquer intervenção agrícola, devido ao facto de mais de 40% da população ter menos de 2 acres de terra, o que inclui a herdade. No entanto, a adoção de intervenções aumentou com o aumento dos níveis de rendimento, com terrenos maiores e com a disponibilidade de mão de obra (Okuro *et al.,* 2000).

Os dados qualitativos e quantitativos recolhidos na Etiópia pela Partners in Rural Development (PRD) de nove "woredas" (distritos) em cinco regiões da Etiópia foram analisados para informar os esforços em curso para resolver a insegurança alimentar crónica em todo o país (Gebreselassie, 2006). A avaliação da vulnerabilidade dentro dos vários sistemas de subsistência encontrados na Etiópia foi baseada numa análise do acesso a bens e recursos críticos, os constrangimentos enfrentados pelas famílias e comunidades dentro de um determinado sistema de subsistência, e o papel do capital social na determinação dos meios de subsistência e segurança alimentar. O estudo concluiu que as famílias vulneráveis tendem a ter uma maior proporção de mulheres chefes de família e menos membros no agregado familiar. A escassez de mão de obra doméstica e o baixo nível de escolaridade dos chefes de família contribuíram para que muitas famílias evitassem as actividades de segurança alimentar na exploração agrícola ou desviassem a atenção para o trabalho fora da exploração agrícola como mecanismo de sobrevivência (Gebreselassie, 2006). Drechsel *et al,* 2005, num estudo sobre os motores e os constrangimentos da tecnologia de conservação de recursos na África Ocidental, constatou que a adoção ocorrerá se uma exploração agrícola tiver nutrientes suficientes no solo derivados da qualidade natural da terra ou se a exploração agrícola tiver rendimentos suficientes para comprar fertilizantes, ou ambos, e se puderem comprar uma quantidade mínima de mão de obra por exploração agrícola (Drechsel *et al,* 2005). A rentabilidade das novas variedades de sementes depende, em grande medida, do nível da taxa salarial - quanto mais elevada for a taxa salarial, mais difícil será a adoção de uma variedade de sementes de elevado rendimento por parte das explorações de baixo rendimento, uma vez que é necessário adquirir uma quantidade mínima de mão de obra (O'Gorman, 2006).

2.5. Questões sócio-culturais dos agregados familiares

As famílias vulneráveis tendem a ter consideravelmente menos acesso a bens de subsistência (terra para agricultura/pastagem, água, gado, etc.) e isto afecta o nível de adoção (Gebreselassie, 2006). O enfoque nas percepções dos agricultores sobre qualquer intervenção pode proporcionar uma melhor compreensão da sua adoção, uma vez que eles as percepcionam de forma diferente dos investigadores e dos agentes de extensão (Sinja *et al,* 2005). Foram utilizados dados de uma amostra aleatória de 131 famílias de agricultores em quatro distritos do centro e do sul da Tanzânia para analisar a perceção dos agricultores sobre a adoção de leguminosas forrageiras. Utilizando técnicas de participação, foram identificados os quatro atributos mais importantes das leguminosas forrageiras (feijão-frade, luzerna, leucaena e desmodium) para os agricultores na sua decisão de adoção. As normas sociais que favorecem a mudança podem promover a tomada de decisões consultivas e levar a uma difusão mais rápida das inovações (Katinila *et al,* 1980). Um estudo qualitativo e quantitativo realizado no Brasil indicou que as normas sociais que favorecem a mudança podem promover a tomada de decisões consultivas e levar a uma difusão mais rápida das inovações (Isham, 2005).

Isham descobriu ainda que nas aldeias com normas mais tradicionais, os inovadores são vistos com suspeita e desconfiança. Em contrapartida, nas aldeias com normas sociais que encorajam a tomada de decisões colectivas, os inovadores são mais rápidos a partilhar as suas novas ideias e a influenciar as opiniões dos outros. Quando os padrões de adoção são omitidos da implementação do modelo, é demonstrado que a probabilidade de adoção continua a aumentar com a dotação de terras e as afiliações étnicas, estando também positivamente associada a normas consultivas, à adoção de sementes melhoradas, à disponibilidade de crédito e de serviços de extensão e ao número médio de anos que as famílias residem na aldeia (Isham, 2005).

2.6 Adoção de tecnologias

Consequentemente, Sinja et al, num estudo sobre a perceção da tecnologia pelos agricultores e o seu impacto na aceitação da tecnologia, recomendou que antes de introduzir uma tecnologia numa área, é necessário que a perceção e a aceitação da tecnologia pelos agricultores sejam analisadas antes da implementação (Sinja *et al,* 2005). Um outro estudo sobre o papel da extensão no desenvolvimento agrícola, realizado por Peterson (1989), revelou que, em muitos países, os factores socioculturais são os principais obstáculos à eficácia da extensão. As diferenças linguísticas e o analfabetismo podem impedir a comunicação de tecnologia melhorada, a menos que sejam tidos em conta. A divisão do trabalho agrícola entre os sexos contribui em grande medida para a adoção da tecnologia agrícola. As mulheres tendem a assumir a maior parte das actividades agrícolas em comparação com os homens. Esta forma de disparidade entre os sexos tem impedido a adoção, uma vez que o fluxo de informação é minimamente afetado (Peterson, 1989). Peterson descobriu ainda que as diferenças culturais entre os agricultores, bem como as diferenças na sua dotação de recursos, também precisam de ser tidas em conta. Os agricultores de subsistência adoptarão estratégias de baixo custo. Estas reflectem-se, em particular, nas estratégias de utilização das terras.

Um estudo de caso efectuado por Tripp (2006) sobre a contribuição da tecnologia para a agricultura sustentável afirma que "a imagem das famílias camponesas que aperfeiçoam as competências tradicionais, que mantêm a sua independência dos mercados de factores de produção controlados pelo capital internacional e que praticam a gestão ambiental é provavelmente demasiado atraente para ser derrubada e, de qualquer modo, representa algumas aspirações razoáveis" (Tripp, 2006).

2.7 Conhecimento, atitude e prática

O nível de benefício esperado do programa motivaria a adoção. Existe a convicção de que, se não beneficiarem, não devem participar e, sem um ganho significativo, a adoção pode não ser possível. Os agregados familiares têm de perceber que o problema que está a ser resolvido pela mesma intervenção é importante para eles (Bonabana-Wabbi, 2002). Uma percentagem mais elevada do rendimento total do agregado familiar proveniente da exploração agrícola através do aumento da produção tende a correlacionar-se positivamente com a adoção de novas tecnologias (McNamara *et al,* 1991; Fernandez-Cornejo, 1996). As atitudes geradas pelo paradigma da transferência de tecnologia (TOT) de cima para baixo têm impedido a aprendizagem dos conhecimentos indígenas dos agricultores. As razões para a não adoção de inovações resultantes do paradigma convencional de TOT têm sido atribuídas a estereótipos dos pequenos agricultores (por exemplo, ignorância, preguiça, conservadorismo) ou a um sistema de fornecimento inadequado (por exemplo, serviço de extensão deficiente, falta de facilidades de crédito), mas raramente às caraterísticas das próprias inovações (Waters-Bayer, 1987). Os agricultores raramente se lembram de informações sobre dados quantitativos relativos aos seus sistemas de conhecimentos indígenas (Rajasekaran, 1993).

2.8 Concorrência por mão de obra e meios de subsistência

Frank Place, num estudo qualitativo e quantitativo sobre a pobreza rural e o investimento na agricultura, sublinha que outras opções de subsistência competem com outras. A concorrência da mão de obra noutras actividades, como a doença e a morte, com a produção agrícola é óbvia. Quando a fonte de mão de obra é única e depende de várias opções, as probabilidades de uma fraca ou nenhuma adoção de qualquer tecnologia diminuem (Place *et al,* 2005). O estudo revela ainda que a pobreza tem um efeito maior na adoção em relação à mão de obra, uma vez que os pobres e os sem-terra tendem a optar por mão de obra ocasional dentro e fora da exploração agrícola para as suas necessidades diárias, em vez de a utilizarem nas suas próprias explorações. As práticas que deixam tempo para outras fontes de acumulação de rendimentos podem promover a adoção. Nestes casos, bem como em geral, o rendimento do trabalho fora da exploração pode fornecer os recursos financeiros necessários para adotar a nova tecnologia (Bonabana-Wabbi, 2002)

2.9 Questões emergentes da revisão da literatura

2.9.1 Factores demográficos e socioeconómicos

Informações como o nome, a idade, o sexo, a formação académica, a profissão e o estado civil da pessoa dão normalmente uma orientação vital para determinar a sua situação económica. Podem também surgir muitas questões, como a origem étnica e a religião da pessoa. Outras perguntas podem incidir sobre o local de nascimento da pessoa; a relação com o chefe do agregado familiar; o rendimento do indivíduo ou da família; o tipo de habitação que o agregado familiar ocupa; e a língua falada no agregado familiar. Em Sauri, a pergunta sobre o rendimento foi considerada controversa em 2005, quando foi feita pela primeira vez. Atualmente, já não é considerado questionável. O VIH/SIDA também teve uma série de impactos económicos na sociedade do Aglomerado de Sauri. O governo queniano liberalizou os preços da maioria dos bens e serviços essenciais, embora tenha mantido o controlo dos preços de certos bens de consumo básicos e de insumos agro-económicos essenciais, como os fertilizantes. Simultaneamente, o governo também tentou reduzir o orçamento dos subsídios destinados a instituições sem fins lucrativos, por exemplo, e tentou conter o crescimento da oferta de moeda.

2.9.2 Factores de produção

A base dos países em desenvolvimento, especialmente na África subsaariana, é tipicamente constituída por famílias que vivem juntas e partilham terras, animais e colheitas. A presença de terra e o tamanho da terra seriam grandes determinantes da adoção ou não. Certas tecnologias podem exigir mais terra do que outras, bem como mais capital. Considerando principalmente a terra média na maior parte da região, depender da terra como fator de produção é um constrangimento à adoção de intervenções de segurança alimentar. Os sistemas de propriedade da terra variam consoante o tamanho da família e quem possui a terra e tem acesso e autoridade para a usar. As famílias atribuem a terra para a agricultura a membros individuais, dependendo da disponibilidade da terra, mas o controlo total sobre o que produzir nessa parcela específica continua a ser um problema. A decisão de adotar ou não uma determinada intervenção cabe, portanto, ao controlador. O uso excessivo da terra, resultante do tamanho limitado da terra, restringe a sua produtividade. O estado de pobreza e os recursos limitados resultam na utilização apenas da mão de obra familiar como principal fonte de trabalho.

A concorrência pela mão de obra durante os períodos de pico da implementação causa atrasos na pontualidade da maioria das operações, provocando um fraco desempenho e, por conseguinte, resultados muito reduzidos. Outras actividades, como doenças e funções sociais, competem igualmente pela mão de obra, dando pouco tempo e atenção à adoção e implementação de tecnologias. A utilização de fertilizantes e sementes híbridas é recebida com reacções variadas. Para aqueles que utilizam fertilizantes e sementes híbridas de milho, estes podem não ser utilizados em quantidades suficientes devido ao custo da sua aquisição. Além disso, pode haver muitas tradições e crenças ligadas à utilização destes factores de produção. Aumentar as competências e os conhecimentos relacionados com

a fertilidade do solo melhoraria a produtividade e, por conseguinte, garantiria a segurança alimentar. No entanto, as formas de melhorar a fertilidade do solo podem ser bastante técnicas e caras, tornando os agricultores menos propensos a adoptá-las. A falta de educação adequada, de competências de gestão e de informação sobre segurança alimentar pode fazer com que os agricultores voltem a utilizar as práticas locais e tradicionais como opção para a produção de alimentos.

2.9.3 Práticas Sócio - Culturais

O folclore continua a fazer parte da aprendizagem de todos os grupos, desde as unidades familiares às nações. Em geral, as práticas e crenças supersticiosas são mais comuns em situações que envolvem um elevado grau de risco, acaso e incerteza, e durante períodos de stress ou crise pessoal ou social, quando os acontecimentos parecem estar fora do controlo humano. A questão do que é ou não supersticioso, no entanto, é relativa. As crenças de uma pessoa podem ser as superstições de outra. Todas as crenças e práticas religiosas podem ser consideradas superstições pelos não crentes. A aceitação e a perceção de qualquer tecnologia influenciarão a sua adoção ou rejeição. A maior parte das ideias e intervenções desaparecem com os inventores (investigadores) após um certo período.

Em *Stone Age Economics* e *Culture and Practical Reason,* Sahlins (1972) e Marshall David (1977) defendem que o pensamento e as acções humanas moldam em grande medida a realidade física. De acordo com Sahlins, mesmo o comportamento mais prático é moldado pela cultura. Na maior parte dos contextos culturais, as decisões eram tomadas pelos chefes de família, que, neste caso, eram homens. A comunidade Luo onde Sauri se insere é muito rica em tradições. Algumas das suas crenças estão relacionadas com a produção de culturas e podem impedir ou promover o processo de adoção de qualquer intervenção.

2.10 Quadro concetual

A adoção de intervenções é influenciada por factores demográficos, produtivos, socioeconómicos, socioculturais, conhecimentos, atitudes e práticas. O efeito resultará na adoção ou não adoção (figura 2).

Figura 2: Quadro concetual do estudo

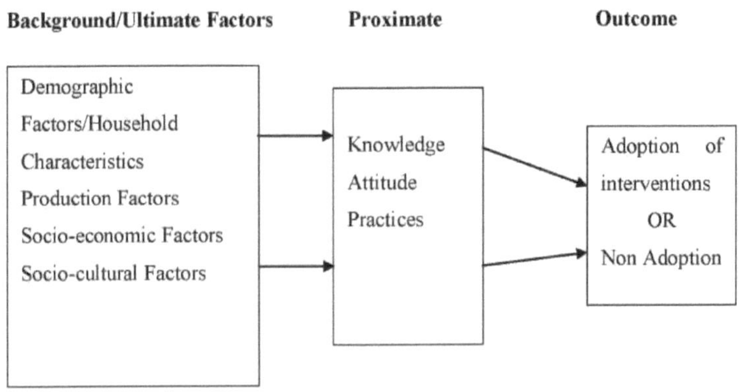

2.10.1 Quadro operacional

A adoção das várias intervenções depende dos factores finais. Os conhecimentos e as competências adquiridas só conduzirão à adoção. A atitude e a perceção da comunidade farão com que as competências adquiridas sejam adoptadas e continuem a ser praticadas para as manter (figura 3).

Figura 3: Quadro operacional do estudo

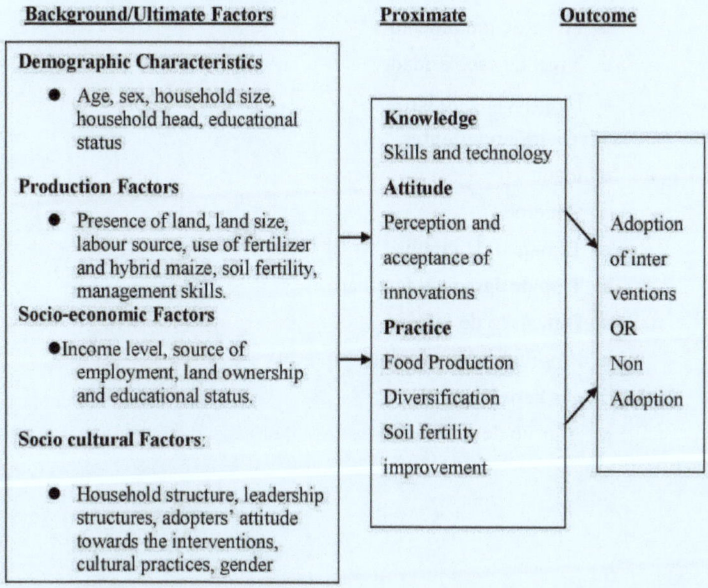

2.11 Definição de conceitos

Adoção e segurança alimentar:

Neste estudo, a adoção e a segurança alimentar são definidas em termos de

- A tecnologia é transmitida aos agregados familiares.
- A prática da tecnologia.
- A produção/resultados
- A disponibilidade de alimentos em armazém para todo o ano.

Factores demográficos:

- Idade
- Género
- Dimensão do agregado familiar.
- Nível de educação.
- Tamanho da família.

Factores socioeconómicos:

- Nível de rendimento familiar.
- Fonte de emprego.
- Fonte de rendimento
- Nível de escolaridade.
- Propriedade do terreno

Variáveis independentes

- Idade
- Género
- Tamanho da família
- Tipo de agregado familiar
- Dimensão do terreno
- Propriedade do terreno

Variáveis dependentes

- Adoção de intervenções.

CAPÍTULO 3

METODOLOGIA

3.0 Introdução

Este capítulo apresenta uma descrição da área de estudo, a explicação dos métodos de recolha de dados, os processos de recolha de dados e os métodos analíticos utilizados para obter os resultados da tese e os modelos conceptuais utilizados na análise dos dados.

3.1 Descrição da área de estudo

O estudo foi realizado na Aldeia do Milénio de Sauri, onde são realizadas as intervenções do projeto sobre segurança alimentar. Sauri situa-se na região do hotspot da fome, no distrito de Siaya. Tem um elevado índice de pobreza de 67% (Sauri Baseline Survey, 2005). A área recebe um tipo de precipitação bimodal que resulta em duas épocas de cultivo. As chuvas longas são registadas nos meses de março a junho, enquanto as chuvas curtas ocorrem nos meses de setembro a novembro. As chuvas curtas não são fiáveis e, por conseguinte, são adequadas para empresas agrícolas de curto prazo. A propriedade média da terra é de 0,97 acres e a principal cultura alimentar (básica) cultivada nesta terra é o milho. Outras actividades agrícolas incluem o feijão, a criação de gado (principalmente gado local) e, no passado recente, há um desvio positivo para a piscicultura e a apicultura. Todos os agregados familiares dos 1200 são legíveis para participar na adoção das intervenções.

3.2 Conceção do estudo

Este foi um estudo descritivo destinado a encontrar os factores que determinam a adoção de intervenções de segurança alimentar a nível familiar. O estudo analisou as caraterísticas tanto dos adoptantes como dos não adoptantes. Na conceção da pesquisa, foi usado um questionário estruturado que produziu estatísticas descritivas e comparativas onde as caraterísticas dos agregados familiares dos adoptantes e não adoptantes foram comparadas e os factores de adoção analisados. As abordagens foram qualitativas e quantitativas.

3.3 População do estudo

A população do estudo foi amostrada a partir de agregados familiares na sub-localização de Sauri, onde o Projeto das Aldeias do Milénio tem vindo a realizar intervenções nos últimos quatro anos. A amostra foi obtida a partir dos 1200 agregados familiares nos quais foram realizadas uma série de intervenções durante todo o período do projeto. De toda a população, foi selecionada uma amostra de 300 agregados familiares, dos quais 246 responderam.

3.4 Critérios de inclusão

Foram incluídos no estudo agregados familiares em Sauri que são residentes desde o início do projeto e que fazem parte da amostra de agregados familiares nos últimos quatro anos. Devem ser pessoas que praticam a agricultura.

3.5 Conceção da amostragem

Para selecionar uma amostra de 300 agregados familiares da população beneficiária de 1200 agregados familiares, foram utilizados procedimentos de amostragem aleatória simples e estratificada. Os principais factores considerados foram as aldeias em que se situam na sub-localização/Aldeia do Milénio de Sauri, a riqueza ou categorias de riqueza dos agregados familiares e o sexo do chefe do agregado familiar. A Aldeia do Milénio de Sauri é constituída por 11 aldeias com 1200 agregados familiares e estas unidades são utilizadas para assegurar uma distribuição espacial proporcional dos 300 agregados familiares selecionados. O rendimento, que tem sido frequentemente utilizado como indicador ou medida da pobreza ou do bem-estar rural, tem sido muitas vezes subestimado ou sobrestimado. Além disso, há muitos desafios que se colocam à recolha de dados necessários para o cálculo do rendimento (Sahn, 1999 e Baulch, 2003). Por conseguinte, no amplo Projeto Aldeia do Milénio e para este estudo em particular, foi utilizada uma medida alternativa - o índice de activos - que se baseia apenas no acesso ou na propriedade dos diferentes capitais/activos, e depende do dinheiro/rendimento.

Na Aldeia do Milénio de Sauri, os principais dados recolhidos foram a dimensão das terras dos agregados familiares e as terras cultivadas, que foram recolhidas como parte do censo demográfico. Utilizando a análise de componentes principais, foi calculado um índice de activos para cada um dos agregados familiares beneficiários com o objetivo de distribuir os agregados familiares em 3 categorias - baixo, médio e alto (pobre, médio e rico). A categorização foi conseguida através de um gráfico de densidade de Kernel dos índices de activos dos agregados familiares e dos pontos de corte das categorias identificados através das distribuições multimodais e/ou dos pontos de inflexão (Mutuo *et al,* 2005).

As 11 aldeias e as 3 categorias de riqueza são combinadas com as 2 categorias de género para obter 66 estratos populacionais. Os 1200 agregados familiares são então distribuídos proporcionalmente por estes estratos e usando uma seleção de amostra aleatória simples dentro de cada célula, obtemos 300 agregados familiares. Este foi um estudo transversal e comparativo que envolveu a utilização de recolha de dados quantitativos, em que foram entrevistados apenas agregados familiares na Aldeia do Milénio de Sauri. Foram utilizados dados qualitativos para complementar os questionários, tendo sido entrevistados 246 agregados familiares dos 300 previstos. Foram realizadas três sessões de Discussão de Grupos Focais; 12 indivíduos, incluindo líderes comunitários, foram entrevistados como informadores-chave (KII)

Os dados recolhidos serão úteis para estabelecer a causa real da adoção ou não adoção de uma tecnologia específica transmitida à comunidade e a forma como esta a utiliza para melhorar a situação alimentar dos seus agregados familiares. Destaca a perceção de qualquer comunidade em relação a novas ideias que lhes são apresentadas e o seu papel na decisão sobre a implementação dessas ideias para a sustentabilidade.

3.6 Processo de inquérito

3.6.1 Seleção dos assistentes de investigação

Os assistentes de campo/investigação foram identificados e entrevistados para o exercício. Os critérios de seleção eram: ter completado o ensino secundário, estar familiarizado com a área de estudo e ser capaz de comunicar na língua local (Luo). O seu conhecimento da área contribuiu para criar confiança nos inquiridos e para uma resposta mais séria. Foram selecionados para o exercício cinco assistentes de campo e dois supervisores.

3.6.2 Formação e pré-teste

Os assistentes de campo e os supervisores selecionados receberam formação durante dois dias e foram enviados para o terreno para fazer um pré-teste no caso de secções do questionário que pudessem suscitar dificuldades de resposta. Isto permitiu identificar áreas de correção e reestruturação do instrumento de recolha de dados (questionário).

3.6.3 Recolha de dados quantitativos

Para os dados quantitativos, foram utilizados questionários estruturados. Os assistentes de campo formados, juntamente com o investigador, aplicaram as perguntas aos 246 inquiridos. Os questionários foram verificados diariamente quanto a erros pelos supervisores de campo formados antes de serem enviados para limpeza e registo.

3.7 Recolha de dados qualitativos

3.7.1 Discussões de grupos de foco (FGDs)

Os dados qualitativos foram utilizados para preencher as lacunas e verificar algumas das conclusões dos dados quantitativos. Aqui foram realizadas três categorias de discussões de grupos de foco: (i) líderes comunitários; (ii) agregados familiares chefiados por mulheres e crianças; e (iii) uma combinação de adoptantes e não adoptantes. Havia 12 participantes em cada uma das sessões, num total de 20 mulheres e 16 homens. Foi utilizada uma linha de orientação para as questões de investigação e os objectivos do estudo. As questões orientadoras do baseavam-se no acesso à terra/utilização da terra, empresas, fontes de trabalho, fontes de rendimento, insumos; utilização e fontes, tecnologia disponível e como foi adquirida, perceção e aceitação das intervenções pelas pessoas e o impacto que tiveram na segurança alimentar da aldeia como um todo. Foi utilizado um moderador para os orientar durante a sessão e um gravador de voz para captar o que poderia escapar à atenção do relator

3.7.2 Entrevistas com informadores-chave

Entrevistas com informantes-chave foram usadas para os representantes do comité de agricultura sobre as intervenções de segurança alimentar. Quatro membros do comité executivo da comunidade e quatro anciãos da aldeia foram selecionados aleatoriamente entre as 11 aldeias da sub-localização.

3.7.3 Dados secundários

Dados secundários de inquéritos e relatórios (relatórios agrícolas distritais, inquéritos do Projeto das Aldeias do Milénio e relatórios anuais de dados sobre a produção de milho do Projeto das Aldeias do Milénio nos últimos quatro anos) foram utilizados no estudo para verificar/qualificar algumas das conclusões.

3.8 Análise de dados

A versão do Statistical Package for Social Scientists (SPSS) foi útil na obtenção de estatísticas descritivas, na comparação de variáveis e na execução do modelo multivariado. O pacote foi utilizado para efetuar a análise e a regressão. O modelo de regressão de Poisson foi útil na verificação da significância das variáveis para a adoção.

3.9 Limitações

A amostra inicial de 300 pessoas não era viável porque alguns inquiridos consideravam que não estavam dispostos a dar mais informações, tendo sido "utilizados" ao longo dos anos sem qualquer ganho tangível. Outros não estavam disponíveis para dar qualquer informação e alguns já tinham falecido. O número de inquiridos alcançado foi de 246 contra os 300 pretendidos, uma vez que alguns inquiridos já tinham morrido ao longo dos anos (6), recusaram-se a responder (30) e foram deslocados para outros locais/centros urbanos.

CAPÍTULO 4

RESULTADOS

4.0 Introdução

Este capítulo destaca as conclusões do estudo realizado na sub-localização de Sauri (Aldeia do Milénio) com os membros dos agregados familiares que participam nas intervenções das actividades das Aldeias do Milénio, na sequência de uma série de intervenções na área para a segurança alimentar. O estudo teve como objetivo encontrar os determinantes da adoção de intervenções de segurança alimentar na área. Foram utilizadas estatísticas qualitativas e quantitativas sobre dados demográficos, socioeconómicos, de produção e socioculturais para obter os resultados. Os resultados do estudo foram multivariados, onde um agricultor podia responder à prática de mais do que um pacote de intervenção ao mesmo tempo. O número total de agregados familiares que adoptaram diferentes pacotes foi de 190 para o milho; 184 para a melhoria da fertilidade do solo; 102 para as culturas de diversificação e 19 para o gado.

4.1 Caraterísticas demográficas.

Os inquiridos no estudo eram 246 (128 homens e 118 mulheres) das 11 aldeias (sub-unidades) da sub-localização de Sauri, que tem uma população combinada de cerca de 6.000 pessoas alojadas em cerca de 1.200 agregados familiares. O tamanho médio dos agregados familiares é de 5,1 e 76% dos agregados familiares dependem da agricultura para a sua subsistência. Dois dos agregados familiares da amostra eram chefiados por crianças. As crianças que chefiam os agregados familiares têm 17 e 18 anos, respetivamente, e ambas ainda frequentam a escola. "*A sub-localidade tem praticado uma agricultura mista entre os agregados familiares nos últimos 1000 anos, sendo o milho o alimento básico*" (DGF só de homens).

4.2 Influência das caraterísticas do agregado familiar na adoção

4.2.1 Adoção de intervenções por idade

A investigação mostra que as idades dos chefes de família variam entre 17 anos (mínimo) e 94 anos (máximo), com uma média de 54, mediana de 55 e a maioria (moda) situa-se nos 60 anos. A regressão realizada com o pacote como grupo de factores mostra que a idade é significativa quando se consideram as técnicas de adoção. Isto baseou-se na análise de regressão de Poisson (distribuição t de Student) com um valor de *ap* <0,001. O estudo constatou que a adoção de todos os pacotes se concentrou entre as idades de 35 anos a 74 anos. Os grupos etários mais jovens são os que menos adoptam em todas as três intervenções. Os grupos mais velhos parecem adotar menos (tabela 4).

Quadro 4: Distribuição dos grupos etários por adoção

Grupo etário (n)	Animais n (%)	Milho n %	Culturas de diversificação n (%)	Fertilidade do solo n (%)
15 - 24 (5)	0 (0)	3 (60)	1 (20)	3 (60)
25 - 34 (22)	1 (5)	20 (91)	12 (55)	18 (82)
35 - 44 (52)	4 (8)	43 (83)	22 (42)	41 (79)
45 - 54 (40)	4 (10)	31 (78)	15 (38)	30 (75)
55 - 64 (59)	4 (7)	44 (75)	25 (42)	46 (78)
65 - 74 (40)	5 (13)	29 (73)	17 (43)	28 (70)
75 - 84 (24)	1 (4)	18 (75)	8 (33)	16 (67)
85 - 94 (4)	0 (0)	3 (75)	1 (25)	2 (50)

**n= o número de agregados familiares/respondentes*

4.2.2 Adoção por sexo

As estatísticas da figura 4 mostram que o género está distribuído uniformemente pela adoção das intervenções. No entanto, comparativamente, o número de homens é superior ao de homens. Os resultados mostram que, dos 246 inquiridos, 137 eram do sexo masculino.

em comparação com 109 mulheres. Dos 137 homens, 12 (9%) adoptaram intervenções pecuárias, 114 (83%) adoptaram a produção de milho, 63 (45%) adoptaram a diversificação de culturas e 111 (81%) adoptaram técnicas de melhoria da fertilidade do solo. Por outro lado, das 109 mulheres inquiridas, 8 (7%) adoptaram intervenções pecuárias, 76 (70%) adoptaram a produção de milho, 39 (36%) adoptaram a diversificação de culturas e 73 (67%) adoptaram intervenções de melhoria da fertilidade do solo. A adoção parece ser mais elevada pelos homens do que pelas mulheres em todas as intervenções. Por conseguinte, o género como fator é significativo para o nível de adoção dos agregados familiares. Isto foi ainda testado utilizando a análise de regressão de Poisson e o teste de probabilidade, *(p)* valor < 0,001 em relação à adoção. Os homens tendiam a evitar um papel ativo na produção de alimentos, mas com a intensificação das actividades e dos resultados do projeto, *"todos se voltaram para a exploração agrícola, assumindo um papel quase igual"* (resultados da DGF).

Figura 4: Relação entre género e adoção de intervenções

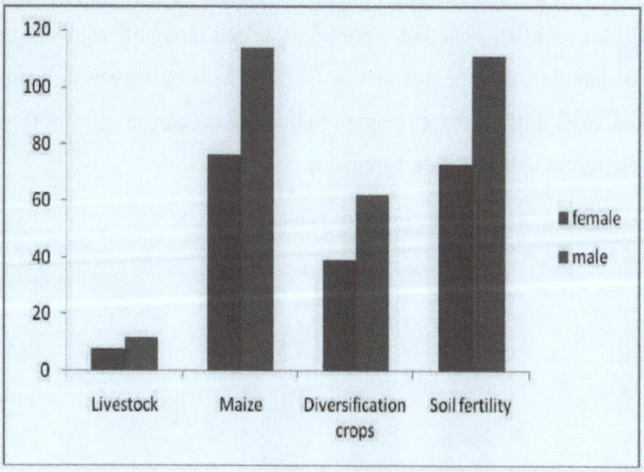

4.2.3 Tipo de agregado familiar

Existem três tipos de agregados familiares: chefiados por homens, chefiados por mulheres e chefiados por crianças. A maioria dos agregados familiares é chefiada por homens e um número mínimo é chefiado por crianças. De acordo com os resultados, existem 150 agregados familiares chefiados por homens, que constituem 61% dos agregados familiares, 91 agregados familiares chefiados por mulheres e 5 agregados familiares chefiados por crianças. O estudo concluiu que 12 (8%) agregados familiares chefiados por homens adoptaram intervenções na pecuária, 122 (81%) adoptaram a produção de milho, 66 (44%) adoptaram a diversificação de culturas e 120 (80%) adoptaram técnicas de melhoria da fertilidade do solo. Dos agregados familiares chefiados por mulheres, 7 (8%) adoptaram a produção animal, 63 (69%) adoptaram a produção de milho, 32 (35%) adoptaram a diversificação de culturas e 59 (65%) adoptaram técnicas de melhoria da fertilidade do solo. Os agregados familiares chefiados por crianças eram 5 e 1 (20%) agregado familiar adoptou cada uma das intervenções, exceto a produção animal. Os agregados familiares chefiados por crianças não são muito estáveis, uma vez que os familiares também tendem a partilhar as suas responsabilidades ou a ir à escola. O gráfico abaixo (Figura 5) ilustra a adoção de várias intervenções por diferentes categorias de agregados familiares.

Figura 5: Adoção por tipo de agregado familiar

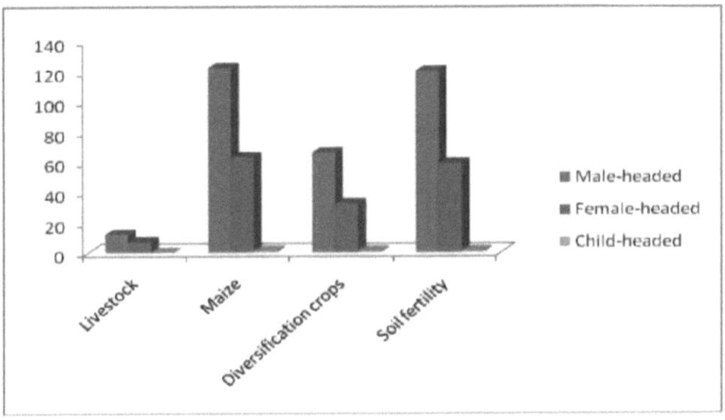

4.2.3 Tamanho da família

O estudo revelou que os agregados familiares têm uma dimensão familiar que varia entre 1 e 10 pessoas, com uma média de 5 pessoas por agregado familiar. 35% dos agregados familiares têm 6 pessoas, constituindo a maioria. O teste de Poisson realizado mostra que o tamanho da família não deve ser negligenciado quando se analisa o nível de adoção. O tamanho da família afecta o nível de adoção entre os agregados familiares de forma positiva e com um valor de *regressãop* < 0,001. Observa-se que quanto maior o tamanho da família, menor a adoção e, da mesma forma, quanto menor o tamanho da família, maior a adoção. A Tabela 5 abaixo mostra como o tamanho da família se relaciona com a adoção. Há uma concentração da adoção entre os tamanhos de 4-6 e ela tende a ser menor em famílias de menor tamanho, assim como nas de maior tamanho. A adoção está, no entanto, concentrada entre as famílias com 4-6 membros, sendo a mais elevada a de 6 membros.

Quadro 5: Dimensão da família em relação à adoção de intervenções

Dimensão do agregado familiar (n)	**Animais n (%)**	**Milho n (%)**	**Culturas de diversificação n (%)**	**Fertilidade do solo n (%)**
1 (21)	0 (0)	9 (42)	4 (20)	8 (38)
2 (48)	1 (2)	19 (39)	9 (19)	19 (39)
3 (62)	2 (4)	24 (39)	12 (19)	23 (37)
4 (63)	4 (6)	24 (38)	12 (18)	24 (38)
5 (72)	4 (5)	28 (38)	16 (22)	25 (34)
6 (87)	3 (4)	33 (38)	19 (21)	32 (37)
7 (48)	1 (3)	18 (39)	10 (20)	18 (38)
8 (34)	1 (3)	13 (39)	8 (23)	12 (34)
9 (33)	1 (4)	12 (37)	7 (21)	13 (38)
10 (27)	2 (7)	10 (37)	5 (19)	10 (38)

4.3 Factores socioeconómicos da adoção

4.3.1 Terrenos: Acesso, propriedade e aquisição

O estudo revelou que todos os agricultores (246) entrevistados tinham acesso a terra para cultivar e a área variava de um agricultor para outro. A maioria dos agricultores entrevistados possui 0,5 acres de terra, tendo o menor 0,25 acres e o maior 5 acres de terra. A média das terras é de 0,97 acres, com um intervalo de 4,75. Quando se efectua o teste de Poisson, verifica-se que a dimensão da terra sob produção vegetal é significativa, com um valor de *ap* <0,001.

De acordo com um dos debatedores do grupo focal, *"Apesar de terem acesso, 10% dos entrevistados não usam as suas terras para a produção de alimentos, mas arrendam-nas para obterem rendimentos.* Dos 246 agricultores entrevistados, 136 agregados familiares têm títulos de propriedade das suas terras, dos quais 45 estão sob a custódia dos homens (maridos), 25 das mulheres e 66 de outros familiares, incluindo filhos, irmãos e pais do chefe do agregado familiar. De acordo com os resultados de uma das discussões de grupo focal (FGD) realizada apenas por homens, foi afirmado que:

> *"A maior parte dos idosos não está disposta a ceder ou subdividir a terra aos seus filhos por receio de utilização indevida ou de venda, pelo que nem sequer se atrevem a subdividir as parcelas aos seus filhos". A propriedade da terra é exclusivamente masculina e as mulheres só têm acesso a ela em caso de morte do marido ou durante a atividade agrícola.*

Do total de terra arável na sub-localização, apenas 1.000 acres são cultivados em comparação com os 3.000 acres disponíveis (Relatórios dos Ministérios da Agricultura e Terras, 2006 e 2007). Isto foi verificado ainda mais durante o estudo que descobriu que a terra para cultivo está a variar entre 800 acres nas chuvas curtas e 1000 acres nas chuvas longas. A tabela abaixo (tabela 6) mostra como a terra é distribuída entre os agregados familiares em Sauri. A média de terra detida pelos agregados familiares é de 0,97 acres enquanto a maioria dos agregados familiares tem 0,5 acres

Quadro 6: Tamanho da terra/determinações Distribuição nos agregados familiares

Média	Mediana	Modo	Desvio Std. Desvio	Mínimo	Máximo
0.97	0.88	0.5	0.66	0.25	5

Um total de 123 (50%) dos 246 agregados familiares têm propriedades de terra entre 0,25-1,0 acres, 93 (38%) têm 1-2 acres enquanto 30 (12%) têm mais de 2 acres. Os agregados familiares com pedaços de terra maiores são poucos e têm a vantagem de ter mais do que uma empresa agrícola, embora isto possa não ser o caso no terreno. De acordo com o FGD apenas para homens; *"a maioria dos agregados familiares com pedaços maiores de terra pertencem ao grupo de rendimento mais elevado e são os agregados familiares ausentes e a maior parte da terra é deixada em pousio"*.

Esta terra foi adquirida à família103 (42%), alugada-54 (22%) ou herdada 73 (30%) e outras 14 (6%) compraram terra. A terra familiar é comunitária e todos os membros da família podem cultivá-la. Normalmente, o chefe do agregado familiar tem uma palavra a dizer no que diz respeito à tomada de decisões sobre a utilização da terra. A partir dos FGDs, o estudo descobriu que;

> *"A terra está sob a autoridade direta do chefe da herdade. Os outros membros do agregado familiar não têm acesso e controlo diretos. A certa altura, a terra da família é subdividida entre os filhos da casa e, por conseguinte, torna-se herdada".*

Verificou-se que 109 dos inquiridos têm títulos de propriedade das suas terras e que estas terras estão nas mãos do chefe do agregado familiar (figura 6). Os agregados familiares alugam terra quando a terra herdada ou familiar não é adequada para eles. Dependendo da sua capacidade, comprarão terra para substituir a que têm ou no caso de não terem nenhuma.

A adoção é notória entre os agregados familiares com maiores dimensões de terra. Os agregados familiares com 1,75 acres ou mais adoptaram quase todas as intervenções. A tendência geral é que a adoção é > 80% para os agregados familiares com maiores pedaços de terra. No entanto, olhando para a tabela 6 abaixo, alguns agregados familiares têm acesso a maiores porções de terra (1,75 -3,0 acres) mas não adoptaram nenhum dos pacotes.

Figura 6: Propriedade da terra por género e membros da família para acesso e controlo

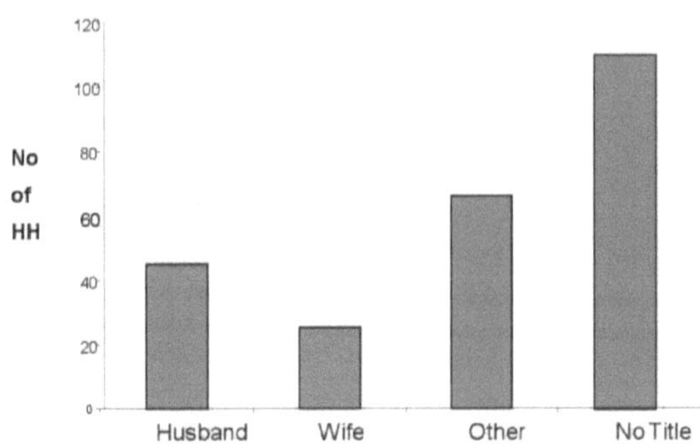

De acordo com os três FGDs, "*certas famílias com grandes porções de terra ou as arrendam para a vizinhança ou as deixam em pousio*". O tamanho da terra é significativo para a adoção e isto é confirmado pela análise de regressão (distribuição t de Student) feita com um valor *p* de *0,001*.

Quadro 7: Ilustração do efeito da dimensão do terreno na adoção de intervenções

Terreno		Pecuária		Milho		Culturas de		Fertilidade do	
tamanho	(n)	n	(%)	n	(%)	diversificação n		n	(%)
0.25	(24)	1	(4)	17	(71)	8	(33)	16	(67)
0.5	(74)	5	(7)	54	(73)	29	(39)	50	(68)
0.75	(25)	1	(4)	19	(76)	10	(40)	17	(68)
1	(67)	7	(10)	54	(81)	29	(43)	54	(81)
1.25	(2)	0	(0)	2	(100)	1	(50)	2	(100)
1.5	(23)	2	(9)	19	(83)	12	(52)	18	(78)
1.75	(1)	0	(0)	1	(100)	1	(100)	1	(100)
2	(22)	2	(9)	20	(91)	10	(45)	21	(95)
3	(6)	1	(17)	3	(50)	2	(33)	3	(50)
3.5	(1)	0	(0)	1	(100)	0	(0)	1	(100)

4.3.2 Nível de rendimento

O estudo concluiu que o rendimento desempenha um papel muito importante na adoção de qualquer intervenção. O rendimento depende tanto do nível como da fonte. O nível de rendimento foi medido pelo montante que o agregado familiar ganha num mês. Uma grande percentagem de agregados familiares aufere um rendimento mensal inferior a Kshs. 2.500, enquanto uma minoria de agregados familiares aufere mais de Kshs. 10.000/= e este rendimento provém principalmente de fontes baseadas na agricultura. As *pessoas que* auferem rendimentos mais elevados têm sobretudo um emprego regular e, de acordo com uma discussão durante uma discussão do grupo de centragem apenas com homens, foi afirmado que: *"as pessoas que auferem rendimentos elevados vivem na cidade e mandam dinheiro para os trabalhadores executarem o trabalho agrícola"*. Este facto, juntamente com as conclusões das entrevistas, é um indicador de que o rendimento não é significativo. O resultado da análise de regressão de Poisson (distribuição t de Student) realizada sobre o nível de rendimento por adoção mostra que o nível de rendimento não é significativo para a adoção *($p<0,001$)*. A partir do gráfico abaixo, também mostra que os agregados familiares com rendimentos mais baixos tendem a adotar melhor do que os segundos. A figura 7) mostra a relação entre a adoção e o nível de rendimento, enquanto o quadro seguinte (quadro 8) ilustra a relação entre a adoção e a fonte de rendimento.

A adoção da diversificação da pecuária e das culturas é baixa, enquanto os pacotes de milho e de melhoria da fertilidade do solo são bem adoptados. Isto é ainda comprovado pela análise de regressão de Poisson efectuada e o valor p para o nível de rendimento é de 0,773. De acordo com um FGD conduzido apenas para homens, *"as intervenções abrangeram todos os níveis de rendimento sem escolher uma categoria de riqueza em particular"*

Figura 7: Adoção por diferentes níveis de rendimento.

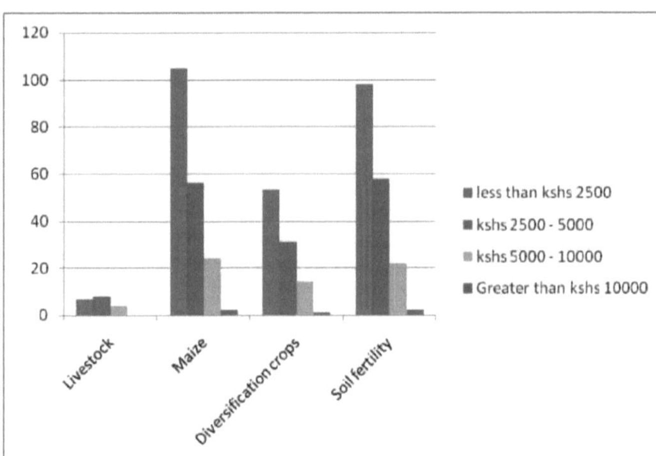

A principal fonte de rendimento da comunidade Sauri é a agricultura, com um total de 189 agregados familiares dos 246 inquiridos. Isto representa 77% da população dos agregados familiares. Outras fontes de rendimento incluem pequenos negócios 18 agregados familiares (7%) e emprego regular 17 agregados familiares (7%).

Quadro 8: Efeitos da fonte de rendimento na adoção

Fonte de rendimento (*n)	Animais n (%)	Milho n (%)	Culturas de diversificação n (%)	Fertilidade do solo n (%)
Empregado (17)	1 (6)	16 (94)	8 (47)	15 (88)
Agricultura (189)	17 (9)	145 (77)	78 (41)	142 (75)
Subsistência (6)	0 (0)	4 (67)	1 (17)	3 (50)
Pequenas empresas (18)	1 (6)	12 (67)	7 (39)	11 (61)
Remessa (6)	1 (17)	3 (50)	2 (33)	3 (50)
outros OP)	0 (O)	10 (100)	5 (50)	9 (90)

**n indica o número de inquiridos.*

Outras fontes de rendimento são as remessas e a subsistência que constituem 8% do rendimento total dos agregados familiares (quadro 8). Após a colheita, os agregados familiares armazenam a colheita ou vendem-na imediatamente para obterem rendimentos que satisfaçam as necessidades do agregado familiar. Os agregados familiares com pedaços de terra maiores acumulam o suficiente para durar o ano e têm excedentes para vender, enquanto os que têm pedaços mais pequenos vendem e ficam sem qualquer armazenamento ou armazenam o pouco para consumo doméstico. As famílias mais pobres recorrem ao trabalho ocasional para ajudar a satisfazer as suas necessidades financeiras, em vez de contratarem mão de obra.

4.3.3 Nível de educação

Um total de 5 (2%) dos 246 agregados familiares entrevistados atingiram o ensino superior (ensino pós-secundário), como mostra a tabela 9. A maioria dos agregados familiares atingiu o nível de ensino primário 138 (56%); 45 (18%) frequentaram o ensino secundário, enquanto 55 (22%) nunca foram à escola. Os restantes 2 (1%) frequentaram o ensino pré-primário. Dos que tinham educação terciária, uma média de 70% adoptou todos os pacotes.

Quadro 9: Ilustração do nível de instrução por adoção

Educação Nível (n)	**Pecuária N (%)**	**Milho n (%)**	**Culturas de diversificação n (%)**	**Fertilidade do solo n (%)**
Nenhum (55)	3 (5)	40 (73)	19 (35)	37 (67)
Viveiro (2)	0 (0)	1 (50)	0 (0)	1 (50)
Primário (138)	11 (8)	105 (76)	56 (41)	103 (75)
Secundário (45)	4 (9)	39 (87)	23 (51)	37 (82)
Terciário (5)	1 (20)	6 (100)	3 (60)	5 (100)

A adoção foi significativamente menor com a diminuição do nível de educação. Isto foi confirmado pela análise de regressão de Poisson (distribuição t de Student) feita para testar a significância do nível de educação para a adoção e o valor de p foi < 0,001. A comparação entre a adoção e o nível de educação é ilustrada na tabela 9.

4.4 Factores de produção da adoção

4.4.1 Aquisição e utilização de inputs

Antes do Projeto das Aldeias do Milénio, os agregados familiares utilizavam insumos; no entanto, a utilização ou não era adequada ou estava limitada a certos agregados familiares que podiam pagar os insumos. O estudo mostra que, antes do projeto, 241 (98%) dos agregados familiares compravam insumos agrícolas. Em 2005, a tendência inverteu-se, tendo o Projeto das Aldeias do Milénio dado 224 (91%) DAP, 246 (100%) Ureia e 246 (100%) sementes de milho híbrido como subsídios para insumos. Apenas 2 dos 246 agregados familiares compraram insumos nesse ano porque inicialmente acreditaram que *a intenção de dar insumos gratuitos era doentia e poderia resultar na perda das suas terras* (FGD- para mulheres e homens). Em 2006, o montante do subsídio para insumos foi reduzido para o equivalente a 1 acre e os agregados familiares com tamanhos de terra superiores a este compraram e, por conseguinte, 12 (5%) compraram insumos enquanto os restantes 234 (95%) receberam subsídios. Em 2007, deu-se uma reviravolta com a introdução de ligações ao microfinanciamento dos factores de produção, visando as famílias que não podiam comprar os seus próprios factores de produção, partindo do princípio de que o resultado do subsídio anterior permitiria à maioria das famílias comprar os seus próprios factores de produção. O estudo concluiu que, em média, (108) 44% dos agregados familiares estavam em condições de comprar os seus próprios factores de produção. *A quantidade não era suficiente para o número de famílias que compraram, uma vez que ou compravam mais de um insumo ou menos de outro, dependendo do que podiam pagar* (FGD apenas para mulheres). Outros 103 (42%) agregados familiares obtiveram crédito para insumos em 2007, enquanto 39 (16%) dos inquiridos receberam subsídios ao abrigo de um regime de subsídios para os vulneráveis, que constituem 25% da população total de agregados familiares. O número de pessoas que aderiram ao programa de microcrédito foi inferior ao esperado, uma vez que não correspondia às expectativas da maioria dos membros da comunidade. 62 (25%) dos inquiridos pensavam que tudo lhes seria dado gratuitamente durante o período do projeto e, por isso, nunca utilizaram qualquer contributo. Outros 74 (30%) receavam pedir crédito e, por isso, compraram apenas um pouco, o que não foi suficiente. A Tabela 10 abaixo apresenta um resumo da utilização de insumos desde o período anterior (2004) ao projeto até ao momento do estudo (2008).

Quadro 10: Utilização de factores de produção de 2004 a 2008

Ano	**Entrada**	**Comprado (N.º de hhs)**	**Crédito (N.º de hhs)**	**Dado por MVP (N.º de hhs)**
2004	DAP; Ureia; Sementes de milho híbrido	241	0	0
2005	DAP; Ureia; Sementes de milho híbrido	2	0	244
2006	DAP; Ureia; Sementes de milho híbrido	12	0	234
2007	DAP; Ureia; Sementes de milho híbrido	123	89	34
2008	DAP; Ureia; Sementes de milho híbrido	44	194	7

**Fonte: Relatórios MVP, Autor, 2009*

4.4.2 Rendimento do milho.

O resultado do uso de insumos na figura 8 abaixo pode ser medido usando as ilustrações na tabela 10 acima. Os rendimentos do milho foram diretamente proporcionais à quantidade de insumos utilizados, mantendo-se constantes outros factores como a existência de ervas daninhas Striga. O estudo constatou que o rendimento do milho um ano antes das intervenções do projeto (2004), durante um inquérito de base, era em média de cerca de 4 sacos (90Kg cada) por agregado familiar. Um ano depois, registou-se um aumento notável para uma média de 9 sacos por agregado familiar. A tendência continuou em 2006 e em 2007 registou-se uma queda drástica para 6,5 sacos por agregado familiar. No entanto, em 2008 registou-se uma tendência de subida para 7 sacos. Em 2005, os subsídios foram concedidos às famílias a 100%; em 2006, o subsídio foi reduzido para 50%, mas com a plantação de pousios melhorados para melhorar a fertilidade do solo, o que impulsionou a produção.

Figura 8: Tendências do rendimento do milho ao longo dos anos

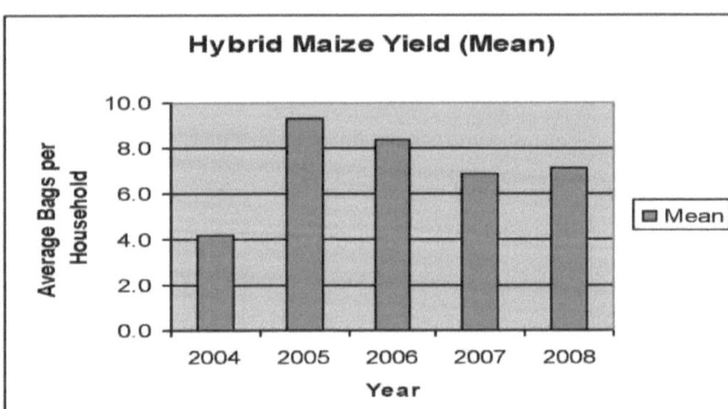

No entanto, apenas 208 agregados familiares, de uma população total de 1221 (Relatórios MVP e FGD), contraíram os empréstimos, dos quais 189 (91%) conseguiram reembolsar e 19 (9%) não o fizeram. A aceitação do esquema de empréstimos de insumos diminuiu e o reembolso, particularmente dos empréstimos de 2008, não tem sido muito bom (Relatório do MVP Agriculture).

4.4.3 Diversificação de culturas e pecuária

A diversificação surge na sequência da existência de culturas de segurança/pecuária como alternativas ao milho como cultura, bem como um meio de geração de rendimentos para as famílias de agricultores. As culturas envolvidas na diversificação incluem: horticultura com uma série de legumes, bananas de cultura de tecidos, malaguetas, amendoins e soja; enquanto a diversificação da pecuária se concentra principalmente na piscicultura, apicultura, avicultura e lacticínios (cabras e vacas). Seguindo a tendência dos acontecimentos, a adoção da diversificação das culturas e da produção animal tem sido lenta, mas com uma tendência ascendente, como mostra a figura 9. A pecuária passou de 17 (7%) para 23 (9%) agregados familiares, enquanto a diversificação de culturas passou de 85 (35%) para 107 (43%) agregados familiares nos últimos quatro anos.

Figura 9: Tendências de adoção da diversificação

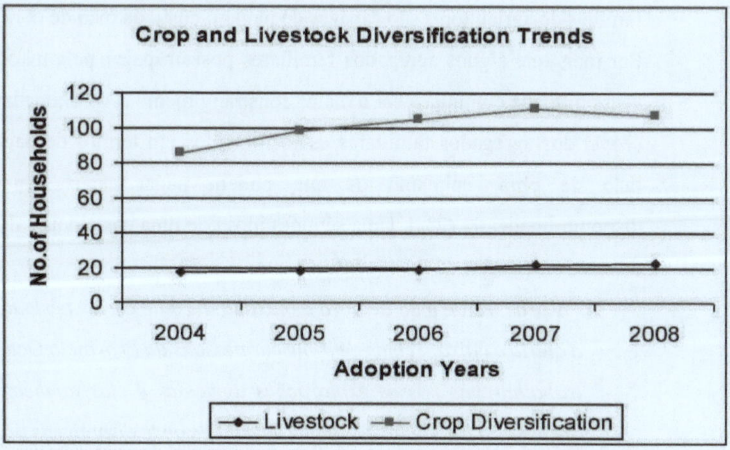

4.4.2 Trabalho agrícola

O estudo concluiu que a mão de obra nas explorações agrícolas tem uma associação direta com a adoção. A disponibilidade de mão de obra atrasa as operações e, por conseguinte, a produtividade é baixa. O custo da mão de obra foi considerado um constrangimento e isto afecta a adequação (quadro 11), portanto a adoção de intervenções. A maioria dos inquiridos 172 (70%) declarou que a mão de obra familiar, composta pelo chefe de família, cônjuge e filhos, representava a principal fonte de mão de obra agrícola. Outras fontes de mão de obra nas explorações agrícolas incluem o trabalho ocasional contratado 49 (20%) e trabalhadores agrícolas regulares 25 (10%). Certas famílias de agricultores (62%) dispunham de mão de obra adequada e nunca enfrentaram qualquer constrangimento durante o período em estudo. Estas dependiam de mão de obra contratada ou de mão de obra familiar. Outros 38% não dispunham de mão de obra suficiente e, por conseguinte, estavam limitados na oportunidade das operações ou tinham de a substituir para satisfazer a procura. As actividades fora da exploração tiveram de sofrer devido à concorrência com as actividades na exploração pela mão de obra.

O custo da mão de obra por homem-dia varia entre Ksh 80 -100 e apenas 94 famílias de agricultores são capazes de pagar o custo da mão de obra ocasional. Por mais que alguns agregados familiares possam pagar pela mão de obra, a acessibilidade continua a ser o maior constrangimento . Aproximadamente 182 (74%) dos agregados familiares estão limitados em termos de pagamento da mão de obra, enquanto os que podem pagar estão limitados pela disponibilidade; 94 (7%). Uma senhora idosa de uma das aldeias, durante uma discussão de grupo de foco, confessa que:

> *"A procura de mão de obra é máxima durante certos períodos do ano e a oferta é baixa. Temos de ir buscar pessoas da Província Ocidental para trabalhar nas nossas explorações agrícolas e elas também não estão dispostas a trabalhar. As fontes de mão de obra disponíveis tiram partido da crise, especialmente durante os períodos de pico, e aumentam as taxas, tornando difícil pagar".*

Quadro 11: Distribuição do trabalho entre os agregados familiares

Adequação da mão de	Agregados	(%)
Sim	152	(62)
Não	94	(38)
Total	246	(100)

4.4.3 Gestão de explorações agrícolas

A gestão das práticas de produção alimentar é efectuada por toda a família e cada membro tem um papel a desempenhar. O chefe de família assume a liderança e é responsável pela distribuição dos recursos. Há uma tendência de os papéis se cruzarem com outros. A adoção de práticas de gestão agrícola ajuda o agricultor a aumentar a produtividade da exploração agrícola para a suficiência alimentar. A gestão da exploração agrícola envolve a manutenção de registos, principalmente pelo chefe de família (17%), a disposição e planeamento da exploração agrícola, a programação rotativa, a compra de insumos agrícolas e a sua utilização nas explorações agrícolas e a distribuição da mão de obra dentro e fora da exploração agrícola. Dos entrevistados, 42 (17%) mantinham registos agrícolas, 11 (5%) tinham explorações bem planeadas com programas de rotação, enquanto os restantes 193 (78%) nunca mantiveram quaisquer registos ou planos agrícolas, apesar de terem recebido formação.

4.5 Factores sócio-culturais

4.5.1 Cultura e tradições na produção alimentar

A maior parte dos factores culturais e tradicionais surgiram durante as discussões do grupo de foco porque as famílias não estavam prontamente dispostas a dar informação sobre algumas das culturas e tradições. No entanto, as tradições e tabus relacionados com a produção de culturas e práticas de segurança alimentar surgiram claramente durante as discussões dos grupos de discussão.

De acordo com as discussões do grupo de discussão, um dos maiores contratempos na tradição Luo é que a maioria das suas actividades está associada a alguns tabus. No início de qualquer estação, o chefe da herdade tem de começar por cumprir os direitos antes de realizar qualquer atividade.

> *"Durante a preparação da terra, o chefe do agregado familiar tem de começar antes de todos os outros irem para os campos para começar a cavar. Se algum dos membros do agregado familiar não obedecer, isso torna-se uma 'chira' (tabu) e tem de ser feita uma limpeza""* (DGF de homens e mulheres).

Isto é feito juntamente com todas as outras actividades relacionadas com a exploração agrícola. Nos casos em que os chefes de herdade não existem, o filho mais velho do agregado familiar terá de levar a cabo a tradição. No entanto, dos 246 agregados familiares entrevistados, 98 nunca cumpriram tais tradições.

Durante o grupo de discussão constituído apenas por mulheres, estas argumentaram que:

> *"As mulheres são sempre vítimas das circunstâncias, a cultura e a tradição Luo marginalizaram-nas. Segundo a tradição, as mulheres não estão autorizadas a plantar qualquer cultura permanente, como bananas e árvores, em qualquer casa. Não podem ordenhar vacas nem plantar qualquer cultura antes do chefe de família".*

Durante a realização de entrevistas com informadores-chave, um idoso que é membro do comité agrícola salientou que

> *"Nos agregados familiares em que o homem trabalha fora de casa, a colheita não deve começar antes do regresso do chefe de família. Em casos extremos, não comem o milho verde antes de o chefe de família voltar para o comer primeiro e até às crianças é negado o acesso à colheita. "*

Vai mais longe, incluindo certas práticas como as partes de alguns animais que devem ser comidas por homens e não por mulheres. Um membro do mesmo grupo de discussão colocou-o claramente que;

"Algumas das tradições são a favor da segurança alimentar e nós estamos bem intencionados. O chefe da herdade costumava ter um celeiro no meio da herdade e podia armazenar algumas reservas alimentares para salvar os membros em caso de segurança alimentar. Algumas herdades ainda praticam o mesmo. Para ser exato, em toda a sub-localização, apenas 5 herdades têm o mesmo sistema, embora modificado, e estas famílias estão sempre em segurança alimentar".

4.5.2 Tomada de decisões

As principais decisões sobre questões agrícolas são tomadas por homens (86%) que são os chefes de família, à exceção das famílias chefiadas por mulheres (tabela 12). 11% dos inquiridos são mulheres que tomam decisões sobre questões relacionadas com a agricultura e, portanto, sobre o tipo de pacotes a empreender. Outros decisores incluem os pais do chefe do agregado familiar, filhos e outros parentes próximos do agregado familiar, formando 4% do processo de tomada de decisões sobre o uso da terra (figura 10). As decisões são tomadas sobre que empresa empreender, quando, onde (referindo-se ao local) e quanta terra e recursos devem ser usados. "*Também implica a força de trabalho necessária e a distribuição de recursos entre as empresas"* (FGD só para homens). O estudo concluiu que o processo de tomada de decisão é significativo para a adoção de intervenções. Um outro teste de regressão (distribuição t de Student) indicou $p<0,001$.

Quadro 12: Tomada de decisões sobre as terras

Tomador de decisões	Frequência (%)	Freq acumulada (%)
Cabeça (Homem)	86.1	86.1
Cônjuge (Mulher)	9.8	95.9
Toda a família	2.4	98.4
Outros	1.6	100

Figura 10: Tomada de decisão na empresa agrícola sobre a adoção de intervenções

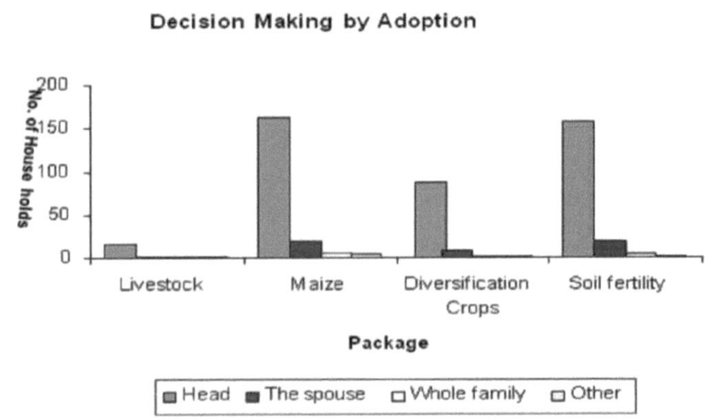

4.6 Conhecimento, atitude e prática

4.6.1 Formação e competências

A formação como instrumento de aquisição de informação é bastante significativa na adoção. As formações para as intervenções foram feitas principalmente pelo Projeto das Aldeias do Milénio, que representa 90% do número de formações realizadas na área. Outros provedores de formação incluíram o Ministério da Agricultura (8,2%) que poderia vir a pedido dos agricultores ou em programas especiais como os programas NALEP, mas o foco é principalmente nas áreas focais que seriam apenas para uma temporada. O ICRAF, devido a uma série de pesquisas que estão a realizar na área, tem grupos-alvo específicos; juntamente com outras organizações como a Africa Now, a FAO e a CARE- Kenya formaram 4 dos agregados familiares entrevistados. As formações da MVP centraram-se principalmente em áreas de melhoria da produção de alimentos e práticas produção de alimentos e práticas que são recomendadas pela investigação (melhor da ciência)

Figura 11: Prestadores de formação a agregados familiares durante o período do projeto

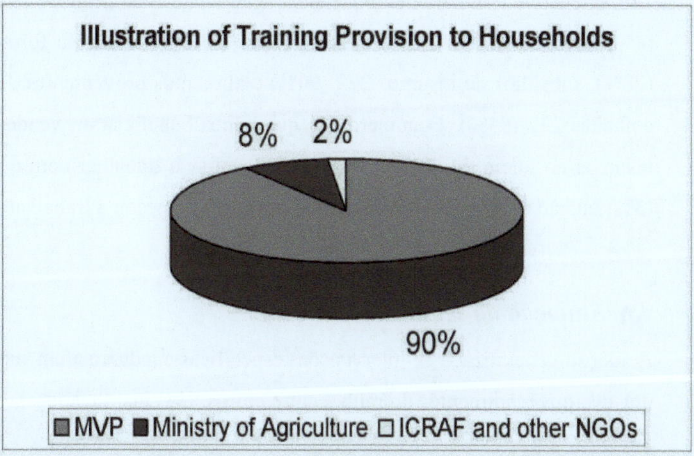

Dos 246 inquiridos, 189 (79%) tinham ouvido falar e recebido formação sobre todos os pacotes e estavam a praticar durante os quatro anos; 43 (17%) tinham ouvido falar mas descontinuaram e 14 (6%) nunca ouviram falar e, portanto, não adoptaram nenhum dos pacotes (figura 11). As razões para a não adoção/descontinuação entre os que não adoptaram foram atribuídas ao elevado custo dos insumos (57%), ao facto de tudo ser dado de graça (10%) e de algumas das intervenções não serem favoráveis ao solo (8%), 10% receavam contrair crédito e os outros 15% tinham terrenos muito pequenos. Do número de pessoas que adoptaram (189), 77% adquiriram competências na produção de milho, 74% em práticas de melhoria da fertilidade do solo, enquanto apenas 2% são capazes de transmitir alguma informação sobre a produção animal.

Os resultados do estudo mostram que os agregados familiares que adquiriram conhecimentos/competências têm o potencial de promover a segurança alimentar nos seus agregados familiares. Cerca de 95,5 % (236) beneficiaram do projeto e têm uma opinião positiva sobre as intervenções, enquanto outros 4,1 % (10) nunca beneficiaram e não fazem ideia do que é o projeto. Do estudo, 236 (96%) dos 246 agregados familiares entrevistados beneficiaram do projeto, enquanto 10 (4%) não beneficiaram do projeto. Os benefícios vão desde a formação 192 (78%), subsídios de insumos 222 (90%) e alimentos provenientes de grandes colheitas 232 (94%). O número dos que nunca beneficiaram vendeu os seus insumos no início do projeto 3 (1%), recusou-se a trabalhar com o projeto 7 (3%) ou não estava disponível quando o projeto começou a trabalhar na área 4 (2%).

4.6 Situação da segurança alimentar

A adoção generalizada de intervenções específicas conduziu a um aumento drástico dos rendimentos do milho, entre outros. No entanto, a insegurança alimentar ainda existe entre os agregados familiares durante meses específicos, como mostra a percentagem de HH que relata ter alimentos insuficientes para satisfazer as necessidades do agregado familiar. Como ilustrado na figura 12 abaixo, os meses de março a junho foram notoriamente notados como meses sem comida (insegurança alimentar) antes e depois da entrada do projeto. Durante este período, mais de 50% dos agregados familiares ficam sem comida, apesar das grandes colheitas realizadas com a chegada do projeto, e 22% (55) deles preocupam-se com a falta de comida nos seus agregados familiares. Isto obriga-os a recorrer a certos mecanismos de sobrevivência para lidar com a situação. A Tabela 12 mostra alguns dos mecanismos de sobrevivência dos agregados familiares face à insegurança alimentar. Dos 246 inquiridos, 132 (54%) têm segurança alimentar enquanto os outros 112 (46%) têm insegurança alimentar. Os agregados familiares com segurança alimentar lidaram com a situação de diferentes formas, especialmente nos meses de março a junho; 89 saltaram refeições, 15 alimentaram as crianças mais novas para lidar com a situação, enquanto 9 ficaram completamente sem comida durante mais de 10 dias em quatro semanas. A falta de comida causa-lhes preocupação e nas últimas quatro semanas (Tabela 13), 27% dos agregados familiares preocuparam-se com a comida pelo menos duas vezes.

Figura 12: Resumo da situação de segurança alimentar antes e depois do MVP

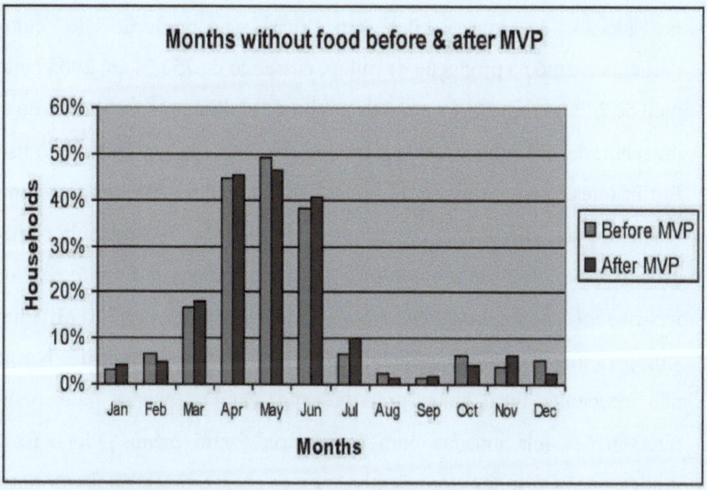

Quadro 13: Estratégias de resposta à insegurança alimentar

Mecanismos de resposta	**Agregados familiares n**
Comer em casa dos vizinhos	1 (0.4)
Passou sem comer nada	9 (3.7)
Saltou algumas refeições para lidar com a situação	89 (36.2)
Alimentado apenas pelos filhos mais novos e o resto da família ficou	15 (6.1)
Agregados familiares com segurança alimentar	132 (53.7)
Total	246 (100)

Quadro 14: Frequência da preocupação com a falta de alimentos

Período/duração da preocupação	**Agregado familiar n**
Raramente (uma ou duas vezes nas últimas quatro semanas)	25 (10.2)
Por vezes (três a dez vezes nas últimas quatro semanas)	31 (12.6)
Frequentemente (mais de dez vezes nas últimas quatro	10 (4.1)
Não estou preocupado	180 (73.2)
Total	246 (100)

4.8 Tendências de adoção ao longo dos anos de intervenção

Analisando as tendências de adoção ao longo dos quatro anos de intervenções contínuas, desde o ano de 2004, que funciona como período de referência antes do início do projeto, até 2008, parece ter havido um aumento acentuado na adoção de intervenções específicas na produção de culturas, particularmente na produção de milho, passando de 75 hhs em 2004 para um pico de 242 hhs em 2005 e nas estratégias de melhoria da fertilidade do solo, passando de 134 hhs em 2004 para 205 em 2006, particularmente o uso de fertilizantes, compostagem e pousios melhorados. De acordo com os resultados das discussões dos grupos de discussão, um agricultor citou o projeto como *(Millennium nobiro golowa e obadho mar kech to sani odwa weyowa nikech ok gimiwa mbolea nono),* o que significa que "o Millennium veio para nos tirar da armadilha da fome e agora está a deixar-nos porque já não recebemos fertilizantes gratuitamente" (FGD - apenas mulheres). As intervenções relacionadas com a pecuária foram menos adoptadas e a mudança não é muito significativa, uma vez que a tendência se mantém abaixo dos 25 agregados familiares ao longo dos anos. No entanto, há uma mudança para baixo/negativa na adoção nos anos de 2007 a 2008 e isto é ilustrado na figura 13 abaixo.

Figura 13: Resumo da adoção de pacotes de intervenções de 2004 a 2008

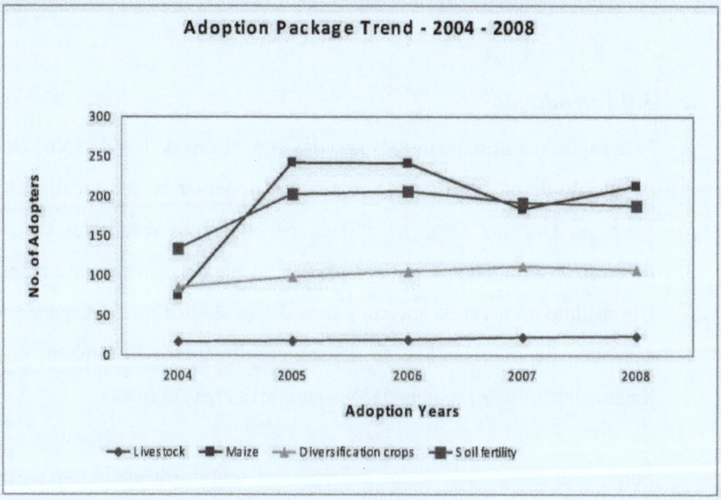

Quadro 15 Análise de regressão de Poisson sobre todos os factores de adoção.

	estimativa	s.e.	t(*)	t_probabilidade de significância	estimativa
Constante	3.4299	0.0449	76.32	<.001	30.88
Nível de educação	-0.2252	0.0636	-3.54	<.001	0.7984
Género	0.6952	0.0636	10.94	<.001	2.004
Dimensão do	-0.9143	0.0636	-14.38	<.001	0.4008
Tipo de agregado	0.2672	0.0639	4.18	<.001	1.306
Nível de	-0.0184	0.0639	-0.29	0.773	0.9818
Fonte de	-0.4055	0.0636	-6.38	<.001	0.6667
Fonte de trabalho	0.2897	0.0636	4.56	<.001	1.336
Dimensão do	-1.0055	0.0635	-15.84	<.001	0.3658

CAPÍTULO 5

DISCUSSÕES

5.0 Introdução

Este capítulo apresenta um resumo das conclusões do estudo sobre os factores de adoção de intervenções de segurança alimentar na sub-localização de Bar Sauri no Quénia. Também destaca os objectivos resumidos do estudo, a hipótese e os métodos analíticos usados no estudo para chegar aos resultados. Um resumo do nível de adoção e uma discussão dos factores que determinam a adoção de intervenções de segurança alimentar são também destacados juntamente com as recomendações para investigação futura.

Podem ser envidados vários esforços no sentido de melhorar os meios de subsistência e a segurança alimentar, mas se não forem consideradas as áreas que rodeiam a produtividade, muito pouco poderá ser alcançado. Olhando para a intervenção, há uma série de factores que contribuíram ou dificultaram o impacto das intervenções. As intervenções são um pacote de práticas recomendadas de produção alimentar e a sua utilização correta aumentaria a produtividade e, por conseguinte, a segurança alimentar das famílias. A melhoria dos meios de subsistência através do aumento do rendimento contribuiria para a realização do ODM número um. O Projeto das Aldeias do Milénio concentrou as suas intervenções de segurança alimentar na produção de milho como um pacote inicial com a utilização de fertilizantes e a melhoria da fertilidade do solo (principalmente pousios melhorados e compostagem), com o objetivo de fornecer alimentos às famílias famintas e de as capacitar para a manutenção da segurança alimentar. Posteriormente, foram introduzidos outros pacotes de intervenção sobre a diversificação das empresas agrícolas em empresas como a horticultura, a produção de bananas de cultura de tecidos, o chillis e a pecuária. A abordagem relativa ao milho

A produção considerou a utilização de fertilizantes como um apoio para uma produtividade elevada e a aceitação foi enorme. Todos os agregados familiares beneficiaram do subsídio para o milho e para os fertilizantes, com um reforço de pousios melhorados. Por conseguinte, o agricultor nunca teve de suportar os custos de produção de culturas de qualidade e em quantidade

5.1 Resumo do nível de adoção do agregado familiar

O nível de adoção foi medido como o número de agregados familiares que adoptaram as intervenções e as praticaram de forma contínua e sustentável. As tendências de adoção ao longo dos anos indicaram que, com um impulso/subsídio a qualquer grupo de agricultores, haverá um aumento súbito nos rendimentos ou no desempenho. A tendência no estudo foi indicativa de um aumento súbito com subsídio de insumos ou intervenções intensificadas.

O nível mais elevado de adoção foi registado com o milho como um pacote de intervenção. A melhoria da fertilidade do solo andou de mãos dadas com a produção de milho devido ao facto de a sua principal intenção ser melhorar a produção de milho entre outras culturas. A baixa adoção de outras intervenções, como a produção animal e a diversificação de culturas, pode ter outros desafios associados. Apesar da lenta adoção, esta mostra alguma tendência ascendente, o que lhe confere o benefício do tempo. Com o passar do tempo, a adoção pode melhorar e, se possível, estabilizar. Outro aspeto destas outras intervenções de diversificação é o nível de investimento envolvido. Alcançar a adoção máxima significaria investir um pouco mais em termos de capital, mão de obra e competências. Freeman e Omiti (2002) sugerem que facilitar aos pequenos agricultores a diversificação para culturas de rendimento é uma estratégia que pode aumentar a produtividade. Uma boa adoção da diversificação/cultivos de alto valor e gado proporcionaria maiores retornos ao investimento e forneceria recursos adicionais para melhorar a produção e a continuidade dos alimentos.

As caraterísticas demográficas dos agregados familiares, que incluem a dimensão do agregado familiar, tipo de agregado familiar, idade e sexo, estão diretamente ligadas à adoção de qualquer intervenção. Os agregados familiares maiores adoptariam menos ou mais de qualquer intervenção, dependendo das suas idades. Os agregados familiares com maior número de pessoas podem ter membros que estão abaixo da idade produtiva; outra categoria do mesmo tipo de agregado familiar pode ter membros doentes ou muito idosos que impedem a disponibilidade de mão de obra. Ainda outra categoria pode ter membros muito produtivos que ofereceriam trabalho para produzir alimentos suficientes para o agregado familiar.

A terra, enquanto fator de produção e fator socioeconómico, afecta a adoção. Pequenas porções de terra podem não tornar viável a adoção de certas práticas de produção alimentar. Um número mais elevado (50%) de agregados familiares tem pequenas porções de terra de 0,25-1,0 acres, o que faz com que não se dediquem a mais do que uma empresa, daí a baixa adoção de algumas das técnicas de produção alimentar. Quanto menor for a propriedade da terra, menor será a possibilidade de adoção. As restrições de mão de obra foram muito significativas, uma vez que tanto a disponibilidade como a acessibilidade influenciaram positiva ou negativamente a adoção. Havia competição pela mão de obra, uma vez que o pico da procura de mão de obra ocorre quase ao mesmo tempo. A principal fonte de mão de obra são as comunidades vizinhas, que também estão envolvidas nas suas próprias explorações agrícolas ou aumentam o preço da mão de obra para além do que a maioria das famílias pode pagar.

5.2 Resumo dos factores determinantes da adoção

5.2.1 Factores demográficos

A idade dos membros do agregado familiar determinaria a adoção, uma vez que quanto mais jovens forem os membros do agregado familiar, menor será a adoção. A idade de 60 anos constitui a maioria dos membros do agregado familiar, enquanto a idade de 54 anos é a mediana. As idades mais baixas, que são mais produtivas, dificilmente adoptam as intervenções em casa. Os membros mais velhos dos agregados familiares tendem a adotar menos. Num estudo semelhante, Asiabaka e Owens (2002) concluíram que quanto mais velho o agricultor, menos provável é a adoção de quaisquer intervenções, porque os agricultores mais jovens estão mais dispostos a correr riscos na agricultura do que os mais velhos.

As diferenças de género desempenham um papel importante na adoção de qualquer tecnologia. O acesso e a propriedade dos recursos são basicamente orientados para os homens e, neste estudo, os homens tendem a dominar a propriedade da terra, negando às mulheres o direito de a utilizar e de tomar decisões. De acordo com Morris e Doss (1999), a adoção depende totalmente do acesso aos recursos e não do género. Portanto, quanto mais se tem acesso aos recursos, maiores são as possibilidades de adotar qualquer intervenção. Os agregados familiares chefiados por mulheres são mais propensos a uma menor adoção como resultado da falta de acesso direto, no entanto, não é claro se as mulheres que chefiam agregados familiares têm acesso completo ou não. O tamanho do agregado familiar tem uma implicação direta na disponibilidade de mão de obra. No entanto, este estudo não indicou se a composição do agregado familiar tem membros activos para fornecer mão de obra.

5.2.2 Factores de produção

O tamanho da terra, como fator de produção, influenciou grandemente a adoção de intervenções de segurança alimentar, em que quanto menor for o pedaço de terra, menor será a produção de alimentos e mais provável será a insegurança alimentar. Cerca de 50% das famílias de agricultores possuem menos de 1 acre de terra e, portanto, não são capazes de produzir o suficiente para o consumo familiar. Os mesmos agregados familiares não podem ser envolvidos noutros pacotes (diversificação na exploração) que são orientados para a melhoria do rendimento para complementar a produção de alimentos ao nível do agregado familiar, pelo que a acessibilidade é limitada. Alguns dos pacotes, como o dos lacticínios, o da produção de bananas e o da produção de malagueta (pimenta), exigem muita terra, o que faz com que os agricultores evitem estas intervenções. Ainda outros pacotes requerem áreas específicas com qualidades particulares, como a apicultura e a piscicultura no âmbito da pecuária, às quais nem todas as famílias têm acesso.

A mão de obra é outro fator que determinaria a adoção de qualquer pacote. A procura de mão de obra é calendarizada com as estações do ano, especialmente na produção de milho. A procura de mão de obra é elevada nas alturas de pico, ou seja, na altura da preparação da terra, da plantação, da monda e da colheita. Durante estes períodos o preço da mão de obra aumenta e a oferta é baixa, uma vez que todos precisam dela. Os agregados familiares tendem a depender da mão de obra das províncias e distritos vizinhos, uma vez que a intensidade do trabalho não é tão elevada nessas províncias e distritos vizinhos. Os mesmos aproveitam-se da baixa oferta para os explorar. Os agregados familiares que não podem pagar pela mesma efectuam as suas operações com atraso e acabam por ter prejuízos. O atraso de duas semanas na plantação de milho pode causar uma perda de colheitas de até 25% (GOK, Relatórios do Ministério da Agricultura, 1994-2004). A mão de obra familiar, da qual dependem cerca de 70% dos agregados familiares, tem outras exigências. A mesma fonte de mão de obra é necessária para cuidar dos membros da família que ainda são jovens, dos idosos e dos doentes, bem como de outras necessidades sociais. A disponibilidade de mão de obra e os estrangulamentos de mão de obra são dois dos tipos mais importantes de informação de diagnóstico que ajudam a selecionar tecnologias adequadas e a definir grupos-alvo com elevado potencial de adoção (Drechsel *et al,* 2005).

A fertilidade do solo e as sementes corretas são cruciais para a produção de culturas alimentares. A utilização do tipo correto de fertilizante (tanto orgânico como inorgânico) e no momento certo garante uma boa produção. Nos dois anos em que se registou uma elevada produção de milho (2005 e 2006), houve uma boa utilização de fertilizantes e adubos orgânicos, juntamente com boas medidas de conservação do solo. A aplicação inadequada de fertilizantes reduz a produtividade de qualquer cultura, seja ela a cultura do milho ou outras culturas de diversificação. A falta de recursos suficientes para comprar o insumo correto ou a incapacidade de garantir empréstimos para insumos reduziu drasticamente a produtividade. Isto também se aplica à pecuária, onde a falta de recursos para comprar o tipo correto de raça/espécie contribuiu para uma baixa aceitação e fracos rendimentos.

As competências de gestão agrícola e o conhecimento dos registos básicos das explorações agrícolas, a disposição das explorações agrícolas, a orçamentação das explorações agrícolas influenciam a adoção de uma vez que dá ao agricultor a noção do que deve planear e se está a ter perdas ou lucros no pacote preferido. Dos 193 (77%) agregados familiares treinados e praticantes, 42 (22%) mantinham registos agrícolas, enquanto 11 (6%) planificavam as suas explorações, o que implica que as competências de gestão agrícola não foram bem adoptadas como parte das intervenções para a segurança alimentar.

5.2.3 Factores sócio-económicos

A partir da análise de regressão realizada, verificou-se que o nível de rendimento não é significativo na adoção (P = 0,773), no entanto, as discussões dos grupos de centragem indicaram que o nível de rendimento afecta a adoção, uma vez que os agregados familiares com rendimentos mais elevados adoptaram melhor a maioria das intervenções. O nível de rendimento tem um impacto direto na utilização de fertilizantes, na plantação de sementes híbridas e na prática da diversificação das culturas e do gado. No entanto, de acordo com Karki e Breuer (2004), o nível de rendimento influencia fortemente a adoção de qualquer tecnologia. Todos os pacotes se baseiam no rendimento e requerem um certo nível de investimento para serem plenamente adoptados. Por outro lado, o nível de educação teve um grande impacto na adoção, uma vez que estes pacotes exigem competências e compreensão para a sua plena adoção. Um nível de educação mais baixo não permitirá que o agricultor aprenda facilmente e traduza os pacotes para a prática. Isto mostra por que razão a adoção foi mais elevada entre os agricultores que atingiram o nível de ensino superior do que entre os que atingiram níveis de ensino inferiores. De acordo com Karki e Bauer (2004), a dotação de recursos é o principal fator determinante do comportamento de adoção observado, sendo que a falta de capital e a dimensão inadequada das explorações agrícolas impedem as decisões de adoção. O potencial económico de qualquer tecnologia é importante, uma vez que o adotante se preocupa com a produção e o custo de produção, incluindo o lucro/benefício obtido com a mesma.

5.2.4 Factores sócio-culturais

As disparidades entre os sexos e as práticas culturais têm uma influência direta na adoção. Os direitos das mulheres à terra e à propriedade de bens afectam o seu desempenho na adoção de qualquer intervenção. Negar às mulheres o direito de participar em certas práticas, como a plantação de certas espécies de culturas, como as bananas, e não ordenhar vacas, afecta o seu moral na adoção das mesmas. O facto de as mulheres não serem proprietárias de terras ou não terem direito a títulos de propriedade é outro obstáculo à adoção. A terra é um recurso importante para a realização de todas as intervenções e, portanto, a falta de propriedade ou de direito a ela significa que não há adoção.

5.2.5 Conhecimento, atitude e prática

O Projeto das Aldeias do Milénio assumiu a liderança na oferta de formação à comunidade e a adoção das formações teve uma pontuação mais elevada, considerando o impacto que criou na comunidade. Os agregados familiares receberam formação sobre as competências básicas de produção alimentar, o que se explica pelo facto de 143 agregados familiares terem adquirido todos os conhecimentos e poderem transmitir informações sobre a produção de milho a outros, bem como praticar as mesmas competências. Os conhecimentos e competências sobre a melhoria da fertilidade do solo também ganharam raízes, enquanto a produção animal e a diversificação de culturas podem não ter mudado muito. Apesar das formações oferecidas sobre esta última, a adoção não aumentou. Este facto pode ser atribuído ao custo de produção e aos investimentos envolvidos. A atitude de que o MVP está a fazer coisas para eles tem impedido muitos progressos na adoção da maioria das competências e intervenções que lhes foram transmitidas pelo projeto.

5.3 Alcançar a segurança alimentar

Analisando estatisticamente a quantidade de alimentos produzidos durante o período das intervenções, em comparação com a situação de segurança alimentar no terreno, parece haver um desequilíbrio. Os agregados familiares produzem em média 9 sacos (90 kg cada) por ano, o que, de acordo com as estimativas do Ministério da Agricultura, é suficiente para sustentar um agregado familiar médio de 6 pessoas durante um ano (Relatório do Ministério da Agricultura, 1994). Olhando para a segurança alimentar no contexto da disponibilidade, acessibilidade e preço dos alimentos ao longo do ano, o estudo mostra que há meses do ano que não são meses de segurança alimentar, quer o projeto exista ou não. Os meses de março a junho são meses em que quase metade da população familiar não tem comida suficiente. Isto obriga alguns dos agregados familiares a adotar certas estratégias de sobrevivência para ultrapassar este desafio. Apesar das constantes intervenções, incluindo subsídios para melhorar a segurança alimentar, não se registaram grandes mudanças. No entanto, mais de metade dos agregados familiares, por outro lado, tiveram uma melhoria na disponibilidade de alimentos e têm o suficiente para os levar ao longo das estações e até excedentes para vender para obter rendimentos. A partir das conclusões do estudo sobre a situação de segurança alimentar, ainda há uma lacuna a ser preenchida em termos de disponibilidade de alimentos, acessibilidade e preço. O estudo foi mais longe e descobriu que durante a colheita os agregados familiares usam os rendimentos destinados às reservas alimentares do agregado familiar como fonte de rendimento e de subsistência, onde vendem quase tudo para satisfazer outras necessidades financeiras do agregado familiar.

CAPÍTULO 6

CONCLUSÕES E RECOMENDAÇÕES

6.0 Introdução

Este capítulo resume o estudo e apresenta recomendações para a política e a investigação futura. Apresenta também um resumo dos objectivos e dos métodos utilizados no estudo.

6.1 Resumo e conclusão

A ênfase do estudo foi determinar os factores que influenciam a adoção de intervenções de segurança alimentar a nível do agregado familiar. A integração dos factores nas intervenções pode responder à questão de saber porque é que a adoção é alta ou baixa. Todos estes factores estão correlacionados para se chegar ao modelo de adoção desejado.

6.1.1 Factores de produção

A terra, tanto em tamanho como em disponibilidade, influenciou positivamente a adoção das intervenções de segurança alimentar. Terrenos mais pequenos resultaram numa menor adoção, especialmente de intervenções nas culturas. Com pedaços maiores de terra, mais de uma intervenção pode ser praticada num determinado período de tempo. Isto sugere que a adoção efectiva só seria viável com terra suficiente para acomodar o suficiente para uma maior produção de alimentos. A combinação de práticas de pecuária, diversificação de culturas, produção de milho e melhoria da fertilidade do solo requer uma quantidade adequada de terra e um agregado familiar sem terra pode não produzir o suficiente para ter segurança alimentar.

A utilização de fertilizantes e de milho híbrido resultou numa elevada produtividade das culturas, tornando mais alimentos disponíveis para as famílias. As restrições de mão de obra afectaram negativamente a adoção, levando a uma baixa produtividade. O custo da mão de obra, juntamente com a procura, interferiu com a oportunidade das operações, especificamente as intervenções nas culturas. Na produção de milho, "um atraso na plantação de duas semanas levaria a uma perda de colheitas de 25%" (Ministério da Agricultura e Investigação recommendations). A dependência da mão de obra familiar limita a produção alimentar, uma vez que nem todos os agregados familiares dispõem da mesma força de trabalho. Outras actividades competem com a mesma fonte de trabalho. A mão de obra contratada não é fiável em termos de custo e de disponibilidade.

As competências de gestão produzirão qualidade e quantidade. Este estudo sugere que práticas adequadas de gestão agrícola são um pré-requisito para a adoção de intervenções de segurança alimentar. A gestão envolve o planeamento, a disposição e a obtenção de competências, a tomada de decisões e a implementação.

6.1.2 Factores sócio-económicos

O nível de educação foi um fator importante na adoção, uma vez que está relacionado com o acesso à informação e a aquisição de competências. Altos níveis de educação, juntamente com o desenvolvimento de capacidades através da formação, aumentam o conhecimento e a prática. Os adoptantes com educação superior também têm acesso a informação sobre técnicas novas e melhoradas de práticas de produção alimentar.

Para que qualquer tecnologia tenha êxito, é necessário um certo nível de investimento. No entanto, o nível de rendimento não é um fator muito importante para explicar a adoção de intervenções, devido ao facto de parte das intervenções envolverem subsídios. O rendimento como variável foi, portanto, eliminado por ser insignificante na adoção.

A Figura 14 abaixo é um modelo desenvolvido após o estudo e mostra como os factores estão inter-relacionados. Um fator não é independente do outro.

Por conseguinte, a adoção depende de todos os factores.

Figura 14: Modelo emergente de adoção de uma intervenção de segurança alimentar

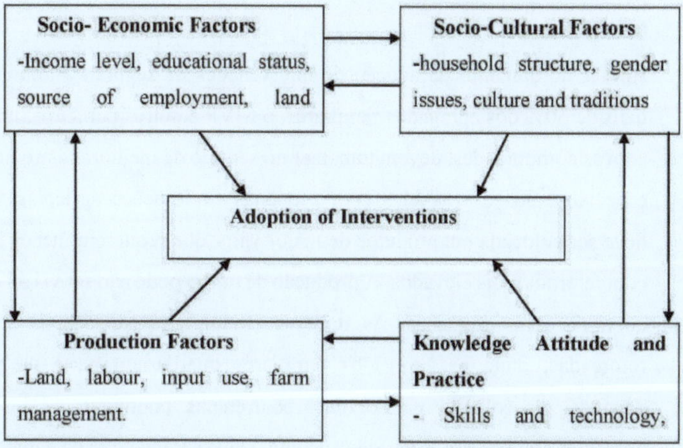

6.2 Recomendações

As recomendações deste estudo são feitas em três áreas diferentes. São feitas para informar o governo e a política sobre as possíveis áreas a incluir na formulação e implementação de políticas. As recomendações também são feitas aos parceiros, tanto dentro como fora da comunidade, para que encontrem formas de integrar os factores em futuras intervenções. Outro conjunto de recomendações neste estudo é feito para a investigação, para possíveis áreas de investigação e avaliação adicionais.

6.2.1 Política

Devido ao sucesso registado como resultado das intervenções e da melhoria da situação alimentar na área de estudo, o Governo, através do Ministério da Agricultura, deve trabalhar no sentido de criar uma política de apoio à agricultura subsidiada, desenvolvendo um sistema de subsídio de insumos. Os preços dos factores de produção devem ser acessíveis ao agricultor subsistente para permitir uma melhor produtividade alimentar. Um sistema organizado de capacitação das comunidades para as ajudar a manter as suas próprias reservas alimentares é também de grande valor para a segurança alimentar global.

6.2.2 Parceiros

Apesar do aumento da adoção de intervenções de segurança alimentar para mais de 50% dos agregados familiares, o MVP e outros parceiros, juntamente com as comunidades, devem trabalhar no sentido de melhorar a produtividade, especialmente para aqueles com pequenas explorações agrícolas. A tónica deve ser colocada em produtos de maior valor que requerem menos terra mas com retornos mais elevados. A produção de milho pode não ser viável em casos de terras mais pequenas. As reservas comunitárias de cereais devem ser reforçadas, onde os agregados familiares guardariam parte da produção aquando da colheita para evitar recorrências contínuas de insegurança alimentar durante certos períodos do ano. Deve ser incentivada a integração da agricultura de conservação no sistema de produção alimentar, a fim de fazer face aos condicionalismos dos custos e da disponibilidade de mão de obra. Este aspeto inclui a utilização ativa de culturas de cobertura de leguminosas, o plantio direto e a utilização de herbicidas para controlar as ervas daninhas.

6.2.3 Investigação

Devido às tendências de mudança na maioria destes factores, é importante rever o mesmo estudo após algum tempo. Com o tempo, os preços dos factores de produção mudarão; as fontes e o custo da mão de obra variarão; e os aspectos socioeconómicos e outros aspectos sociais da vida mudarão. Tal estudo também examinará se as famílias ainda estariam a praticar as intervenções e a que nível. É importante avaliar todas as intervenções do projeto no final do período estipulado para o projeto e identificar as áreas que necessitam de mais atenção e, sempre que possível, ajustes na abordagem.

Subsequentemente, um estudo sobre as tendências de venda e armazenamento de alimentos é de grande importância, particularmente na altura das colheitas, pois isto constitui a base para uma segurança alimentar sustentável nos agregados familiares. A tendência tem sido que na altura das colheitas há excedentes mas em certos meses do ano a maioria dos agregados familiares estão em situação de insegurança alimentar. A segurança alimentar, de uma forma mais holística, analisa a disponibilidade (quantidade) e a nutrição (qualidade). Um estudo sobre a qualidade dos alimentos consumidos a nível doméstico , tendo em consideração o que as crianças com menos de cinco anos de idade consomem diariamente, ajudaria a determinar se as famílias têm ou não segurança alimentar.

REFERÊNCIAS

1. Adamo, P. L. Sandei, R. Vadala, S. Pirondi, F. De Sio, M. Zaccardelli, R. Scelza, M.A. Rao (2001). *Efeito do processamento industrial em tomates orgânicos e de convecção: avaliação da qualidade e das caraterísticas nutricionais.* Ata Hort. (ISHS) 971:59-69.
2. Asiabaka, C.C., Morse, S. e L. Kenyon. (2001): The Development, Dissemination and Adoption of Technologies Direted at Improving the Availability of Clean Yam Planting Material in Nigeria and Ghana. *Relatório de uma missão de estudo encomendada pelo Programa de Proteção das Culturas (CPP) do Departamento para o Desenvolvimento Internacional (DFID) do Governo do Reino Unido, de 11 a 22 de junho de 2001;* Lagos, Nigéria.
3. Baulch, B. 2003. Why Poverty Persists: Poverty Dynamics in Asia and Africa. Centro de Investigação da Pobreza Crónica. Edward Elgar, EUA,
4. Bonabana-Wabbi J., 2002: Avaliação dos factores que afectam a adoção de tecnologias agrícolas: *Um caso de Gestão Integrada de Pragas no Distrito de Kumi. Uganda.* Kampala, Uganda
5. Braun V. J e Keyzer M., 2007; Ação Global para a Segurança Alimentar. Washington D.C
6. Doss, CR, Morris, ML, 2001. "How Does Gender Affect the Adoption of Agricultural Innovations? The Case of Improved Maize Technology in Ghana". *Journal of Agricultural Economics,* 25, 27
39. Accra, Gana.
7. Drechsel, P., Olaleye, A., Adeoti, A., Thiombiano, L., Barry, B. e Vohland, K., 2005: Adoption Driver and Constraints of Resource Conservation Technologies in sub-Saharan Africa. Accra, Gana.
8. Enciclopédia Encarta Standard, 2007
9. FAO, 1996: Grupo de Trabalho sobre Segurança Alimentar das Famílias.

Roma, Itália.

10. FAO, 2004: World Agriculture Towards 2015/2030. Roma, Itália

11. Fernandez-Cornejo, J., E. D. Beach e W. Y. Huang. 1994. A adoção de tecnologias IPM por produtores de hortaliças na Flórida. Michigan e Texas. Journal of Agricultural and Applied Economics 26: 158-172.

12. Freeman A.H, e Omiti J, 2002: Fertilizer use in Semi-Arid Areas of Kenya. Analysis of smallholder farmers' behavior under Liberalized Markets (Análise do comportamento dos pequenos agricultores em mercados liberalizados). Nairobi, Quénia.

13. Gebreselassie S., 2006: Intensification of Smallholder Agriculture in Ethiopia (Intensificação da agricultura familiar na Etiópia). Addis Abeba, Etiópia.

14. GoK - Relatórios do Ministério do Planeamento, Siaya 1994 - 2004.

15. Relatórios do Ministério da Agricultura do GoK, 1994 -2004.

16. Haddad L., 2007: Alcançar a Segurança Alimentar na África Austral; Novos Desafios e Oportunidades. EUA

17. Hughes, T. P. 2004.Human-Built World: How to think about Technology and Culture. The University of Chicago Press. EUA.

1 8.Isham J., 2000: The Effect of Social Capital on Technology Adoption: *Evidence from Rural Tanzania.* Dare Salaam, Tanzânia.

19. Karki L. B e Bauer S., 2004: Technology Adoption and Household Food Security. Analyzing factors determining technology adoption and impact of project intervention: A case of smallholder peasants in Nepal.

20. Katinila, N., H. Verkuijl, W. Mwangi, P. Anandajayasekeram, e A.J. Moshi. 1998. *Adoption of Maize Production Technologies in Southern Tanzania.* México, D.F.: Centro Internacional de Melhoramento do Milho e do Trigo (CIMMYT), República Unida da Tanzânia e Centro de Cooperação para a Investigação Agrícola da África Austral (SACCAR).

21. Mango N. R. A, 2000: Husbanding the Land. Nairobi, Quénia

22. Marechal David Sahlins, 1977. Culture and Practical Reason. Chicago; Universidade de Chicago, EUA.

23. McNamara, K. T., M.E. Wetzstein e G.K. Douce. "Factors Affecting Peanut Producer Adoption of Integrated Pest Management" (Factores que afectam a adoção da gestão integrada das pragas pelos produtores de amendoim). *Review of Agricultural Economics.*

24. Morris, M.L. e Doss, 1999. Como é que o género afecta a adoção de inovações agrícolas? The case of improved maize technology in Ghana. Documento selecionado na Reunião Anual, Associação Americana de Economia Agrícola (AAEA), Nashville, Tennessee, 8-11 de agosto de 1999

25. Relatórios anuais do Projeto das Aldeias do Milénio 2005 - 2007.

26. Mutuo P, Palm C, Konecky B, Wang K, Lelerai E, Adkins E, Akbari S, Bayoh N, Amor Y, Deckelbaum R, DeClerck F, Flor R, Gauvey- Kern K, Kaluzny T, Korves C, Modi V, Ndirangu M, Negin J, Okoth H, Okoth S.T, Okumu B, Oule J, Ouma B, Pillai D, Place F, Cristina Rumbaitis Del Rio, Sachs J, Sonia Ehrlich Sachs, Sacks E, Simcock X, Tozan Y, Wangila J, Wright A, 2005: *The Sauri Baseline Report. Sauri. Quénia*

2 7.O'Gorman, M, 2006: Africa's Missed Agricultural Revolution: *A Quantitative Study of Technology Adoption in Agriculture.* Universidade de Toronto

2 8.Okuro J.O., Murithi F.M, Verkuul H., Mwangi W, Hugo De Groote e Macharia Gethi, 2002: Factores que afectam a adoção de tecnologias de produção de milho no distrito de Embu, Quénia

29. Pannell, D.J., Marshall, G.R., Barr, N., Curtis, A., Vanclay, F. e Wilkinson, R. (2006). Understanding and promoting adoption of conservation practices by rural landholders. *Australian Journal of Experimental Agriculture* 46(11): 1407-1424.

30. Peterson, W. E., Sands, C. M., & Swanson, B. E. (1989). Sistemas de desenvolvimento e transferência de tecnologia na agricultura. Urbana, IL: INTERPAKS Interchange

31. Place F., Adato M., Hebinck P., 2005: Understanding Rural Poverty and Investment in Agriculture: *An Assessment of Integrated Quantitative and Qualitative Research in Western Kenya.* Nairobi, Quénia.

32. Rajasekaran, B. 1993. A_Framework for Incorporating Indigenous knowledge System into Agricultural Research and Extension Organizations for Sustainable Agricultural Development in India. Dissertação de doutoramento, Iowa State University, Ames, Iowa.

33. Ryan, B., e N. Gross. 1943. The diffusion of hybrid seed corn in two Iowa communities [A difusão do milho híbrido em duas comunidades do Iowa]. Rural Sociology 8(1):15-24.

34. Sahlins, M. 1972. Stone age economics. Aldine- Atherton, Inc. 529 South Wabash Avenue Chicago, Illinois 60605

35. Sanchez P, Palm C. A., Sachs J., Denning G., Harawa R., Bashir J., Kiflemariam T., Kenocky B., Kozar R., Lelerai E., Malik A., Modi V., Mutuo. P., Niang' A., Okoth H., Place F., Sachs S.E., Said A. Siriri D., Tecklehaimanot A., Wang K., Wangila J. e Zamba C, 2007: *As Aldeias Africanas do Milénio. Nova Iorque. NOVA IORQUE, E.U.A.*

36. Sinja J., Karugia J., Baltenweck I., Waithaka M., Miano M. D. e D. Romney, 2005: *Farmer Perception of Technology and its Impact on Technology Uptake: The Case of Fodder Legume in Central Kenya Highlands.*

37. Stefano R. e Sahn, D.E. 1999. Wage Determination and Gender Discrimination in a Transition Economy: O caso da Roménia. Policy Research Working Paper 2113.

38. Stifel D e D Sahn (1999) *"Exploring Alternative Measures of Welfare in the Absence of Expenditure Data",* Mimeógrafo, Universidade de

Cornell.

39. Tripp R. (2006): Natural Resource Perspectives; *Contribution of Technology to Sustainable Agriculture.*

40. Waters-Bayer, A. 1987. Participatory Technology Development in Ecologically Oriented Agriculture: Some Approaches. Documento de discussão da rede de administração agrícola (investigação e extensão) do ODI nº 7. Londres: Overseas Development Institute.

MIX
Papier aus verantwortungsvollen Quellen
Paper from responsible sources
FSC® C105338

Printed by Books on Demand GmbH, Norderstedt / Germany